U0159955

项目编号：2019—1—4

中国艺术研究院基本科研业务费项目

丛书主编◎赵玉春

中国艺术研究院『中国传统建筑与中国文化大系』课题

中国传统建筑与中国文化大系

营造技艺的传承密码

刘托　王颢霖　著

中国建材工业出版社

图书在版编目（CIP）数据

营造技艺的传承密码/刘托，王颢霖著.——北京：
中国建材工业出版社，2022.8
　（中国传统建筑与中国文化大系/赵玉春主编）
　ISBN 978-7-5160-3468-2

　Ⅰ．①营… Ⅱ．①刘… ③王… Ⅲ．①古建筑－建筑
艺术－研究－中国 Ⅳ．①TU-092.2

中国版本图书馆CIP数据核字（2021）第276739号

营造技艺的传承密码
Yingzao Jiyi de Chuancheng Mima

刘托　王颢霖　著

出版发行：中国建材工业出版社
地　　址：北京市海淀区三里河路11号
邮　　编：100831
经　　销：全国各地新华书店
印　　刷：北京天恒嘉业印刷有限公司
开　　本：787mm×1092mm　1/16
印　　张：16.75
字　　数：290千字
版　　次：2022年8月第1版
印　　次：2022年8月第1次
定　　价：198.00元

前　言

　　"中国传统建筑与中国文化大系"是中国艺术研究院所属建筑与公共艺术研究所承担的院级重点科研项目，内容涉及中国传统建筑，包括宫殿、礼制、寺观、民居、公共、园林、陵墓共七个主要建筑类型，以及与之相关的传统营造技艺。

　　中国学者研究中国传统建筑文化的历史可追溯至"中国营造学社"创立之际。该学社是以建筑文化研究为主旨。在述及学社缘起时，创办人朱启钤在《中国营造学社开会演词》中阐述为："吾民族之文化进展，其一部分寄之于建筑，建筑于吾人生活最密切，自有建筑，而后有社会组织，而后有声名文物，其相辅以彰者。在在可以觇其时代。"因此，"研求营造学，非通全部文化史不可，而欲通文化史，非研求实质之营造不可。"早期中国营造学社虽然有此初心，但囿于历史条件，实际的研究工作还是侧重于建筑考古和实例调查方面，重点是营造法式的诠释和考证，解译法式与则例的密码。早期除寻访佛寺遗存外，逐渐将调研范围扩展到宫殿、陵墓，而后又将园林、民居等纳入了研究的视野，研究对象基本涵盖了传统建筑的主要类型。至于对中国建筑史做整体性、贯通性的研究，主要还是在中华人民共和国成立以后，如国家建设部门在20世纪50年代和80年代两次集中全国学术力量，组织撰写了中国古代建筑史，并对建筑类型的研究继续作为传统建筑研究的重点。与此同时，对古代建筑的研究范围和视角也进行了延伸和拓展，如建筑技术、建筑艺术、建筑空间，以及建筑专题的各项研究等。从中国营造学社开启的中国传统建筑与文化研究迄今已近百年，人们对研究的内容和取向越来越持开放的态度，建筑文化也成为共同的话题，其中的一个重要趋向就是由对物的研究转向对人的研究，这既是一种研究的深化，也是当代社会文化发展的现实反映，表明了人们对其自身的关注和反思，实质上也是对文化的普遍关注。

　　建筑是文化的容器，缘于建筑是人们生活的空间。容器也罢，空间也好，其主角是人及人的活动。人的活动应包括设计、建造、使用、思想、赋义等，这也构成了建筑文化的全部。古人将中国传统建筑分为屋顶、屋身、台基三段，所谓上、中、下"三分"，并将其对应天、地、人"三才"。汉字"堂"原指高大的台基，象征高大的房屋，若从象形角度看，其中也隐含着建筑构成的意味，上为茅顶，下为土阶，口居中间代表人，并以口为尚，表示对人及人的活动的重视。汉字"室"也有相近的含义，强调建筑是人的归宿及建筑的居住功能。"堂""室"二字常常连用表达建筑的社会功能和空间划分，如生活中常说的"前堂后室""登堂入室"等。再如古汉字亯（京），与"堂"一样也具有高大、尊贵的含义，杨鸿勋教授考证：其原指干栏式建筑，即上为人字形屋顶，中为代表人的口，或指人活动的空间，下为架空的基座。由此可见，无论是南方干栏木屋，还是北方茅茨土阶，建筑的构成都反映了古人意念中的"天地人"同构关系。古人把建筑比同宇宙，"宇""宙"二字都含有代表建筑屋顶的宝盖，所谓"上栋下宇，以待风雨""四方上下曰'宇'，古往今来曰'宙'"等。反过来，古人又把自然的天地看成一座大房子，天塌地陷也如房子一样可以修补，如女娲以石补天，表明了古代中国人对建筑与宇宙空间统一性的思考。

对建筑文化的研究，需要厘清什么是建筑、什么是文化、什么是建筑文化等基本问题，以及三者的关系等。建筑文化研究不是单纯的建筑研究，也不是抽象的文化研究，不是历史钩沉，也不是艺术鉴赏。在叙事层面，是以建筑阐释文化，还是以文化阐释建筑，或者是将建筑文化作为客观存在的本体，这又将涉及如何定义建筑文化，进而确定建筑文化研究的对象、范围、特征、方法等，以及研究的价值和意义。就像对文化有多种不同的解释一样，关于建筑文化也会有多种不同的解释，但归根结底，建筑文化离不开建筑营造与使用，离不开围绕在建筑内外和营造过程中的人及人的活动等。

以宫殿文化研究而论，宜以皇帝起居、朝政运行、仪礼制度为中心，分析宫殿布局、空间序列、建筑形态、建筑色彩、装饰细节、景观气象等。在这种视角中，宫殿作为彰显皇权至上的最高殿堂，是弘扬道统的器物。《营造法式》中说过："从来制器尚象，圣人之道寓焉。……规矩准绳之用，所以示人以法天象地，邪正曲直之辨，故作宫室。"《易传》中将阴阳天道、刚柔地道和仁义人道合而为一，转化成了中国宫殿建筑的设计之道。礼制化、伦理化、秩序化、系统化成为中国宫殿建筑设计与审美的最高标准；反之，建筑的礼制化又加强了礼制的社会效应，二者相辅相成。以园林文化而论，园主的社会地位、经济实力、文化身份等，往往是园林旨趣的决定因素，园林虽然可以地域风格等划分，更可根据园主的不同身份、认知、理趣进行分类，如此可有皇家、贵胄、文人、僧道、富贾等园林，表达不同人群的不同生活方式与理想等；以民居文化而论，表现了人伦之轨模，以其文化为锁钥，可以将民居类型视为社会生活的外在形式，如中国传统合院式住宅的功能关系就是人际关系以及各式人等活动规律的反映。中国重情知礼的人本精神渗透在中国社会的各阶层，建筑作为社会生活的文化容器，从布局、功能、环境，到构造、装饰、陈设等莫不浸染着这种文化精神。

对营造技艺的研究不能等同于建筑技术，二者有关联但也有区别，主要区别就在于文化。对于中国不同地域风格的建筑，现在多是按照行政区划分别加以归类和论述，但实际上很多建筑风格是跨地区传播的，比如藏式建筑就横跨西藏、青海、甘肃、四川、内蒙古，而且藏式建筑本身也有多种不同风格类型，按行政区划归类显然完全不适合营造技艺的研究。基于地域建筑的文化差异，陆元鼎先生曾倡导进行建筑谱系研究，借鉴民俗学方法，追踪古代族群迁徙、文化地理、文化传播等因素，由此涉及族系、民系、语系等知识，有助于对传统建筑地域特征、流行区域、分布规律等有更准确的把握。按民俗学研究成果，一般将汉民族的亚文化群体分为 16 个民系，其中较典型的有 8 大民系，即北方民系（包括东北、燕幽、冀鲁、中原、关中、兰银等民系）、晋绥民系、吴越民系、湖湘民系、江右民系、客家民系、闽海民系（包括闽南、潮汕民系等）、粤海民系。由于建筑文化的传播并非与民系分布完全重合，实际上还有材料、结构、环境、历史等多重因素制约。基于建筑自身结构技术体系和形成环境原因，朱光亚教授提出了亚文化圈区分方法，如京都文化圈、黄河文化圈、吴越文化圈、楚汉文化圈、新安文化圈、粤闽文化圈、客家文化圈 7 个建筑文化圈，加上少数民族如蒙文化圈、维吾尔文化圈、朝鲜文化圈、滇南文化圈、藏文化圈等共 12 个建筑文化圈。

营造是人的建造活动，就营造技艺研究而言，围绕着以工匠为核心的人来展开研究，应该更切合非物质文化遗产研究的特点，例如以匠系及其人文环境为主要研究对象，探讨其形成演变过程及规律，以求为技艺特点和活态存续做出合理的解读。从近年来申报国家非物质文化遗产项目中的传统技艺类项目来看，项目类型大多与传统民居有关，说明民居建筑营造技艺与地域、民族、自然、人文环境的关系更为密切，也反映出活态传承的根基在民间。立足于代表性营造技艺目前活态传承的实际情况，同时结合文化地理、民俗学（民系）、建筑谱系研究的成果，也可尝试按照活态匠艺传承的源流，将较典型、影响较大且至今仍存续的中国传统营造技艺划分为北方官式、中原系、晋绥系、吴越系、兰银系、闽海系、粤海系、湘赣系、客家系、西南族系、藏羌系等匠系。此外，在匠系之下，又有匠帮之别。匠帮不同于匠系，匠帮是相对独立的工匠群体、团体，并有相对流动、交融、传播的特征。匠系强调源流、文脉、体系，而匠帮较强调技术、做法、传承。匠帮是匠系的活态载体，匠系则是匠帮依附的母体。只有历史、地域文化、工艺传统共同作用才能产生匠帮，他们在营造历史上留下了鲜活的身影，如香山帮、徽州帮、东阳帮、宁绍帮、浮梁帮、山西帮、北京帮、关中帮、临夏帮等。

中国建筑文化可以同时表现为精神文化与物质文化两种形态，并存于典章制度、思想观念、物化形态和现实生活中；也可以表现为精英文化与草根文化，前者光耀乎庙堂，后者植根于民间，二者相互依存、交融，都是中华文化的重要组成部分，是中华文化的血脉和基因，共同构成中国建筑文化的整体。从文化角度而言，建筑只有类型体系之分，而无高下之别，宫殿、坛庙、寺观、民居、园林等建筑类型都是人们应因自然、社会环境而结成的经验之树和智慧之花，都需要我们细心体察。如果说结构是建筑的骨架，造型是建筑的体肤，空间是建筑的血脉，那么文化可以说是建筑的精气神。

2009 年 9 月，在联合国教科文组织保护非物质文化遗产政府间委员会第四次会议上，中国申报的"中国传统木结构营造技艺"被列入"人类非物质文化遗产代表作名录"（图 0-1），这表明了中国传统建筑营造技艺已经不仅仅是中国独有的文化遗产，而且是全人类共同的文化财富，为全世界人民所共享，具有普遍的价值。正确认识、保护、传承中国传统木结构建筑营造技艺，是我们义不容辞的义务与责任。这项非物质文化遗产的申报成功也促进了我们对营造技艺遗产及与之相关的文化事项的重新审视，提示我们要将营造技艺放在人类文明与文化传承的大视野中进行再审视、再思考。

图 0-1 联合国证书

长期以来，我国对传统建筑遗产的保护主要是通过认定各级文物保护单位的方式，侧重于对文物本体的物质形态进行静态的保护，强调历史意义上的原真性、环境意义上的整体性、修缮语境下的可逆性和可识别性等。对建筑遗产保护的前提是甄别保护对象的历史、科学、艺术价值。比较而言，我们对建筑本体得以实现的营造技艺和建造者即传承人的保护和重视不足，或者说并未将其提升到文化遗产本身的高度，未将其作为独立的保护对象加以关照。随着非物质文化遗产概念的引入和非物质文化遗产保护工作的开展，传统建筑营造技艺和代表性传承人作为文化遗产的对象和载体被列入保护范围，营造和营造技艺逐渐成为建筑和非物质文化遗产保护领域的热点，得到学界和社会各界越来越广泛的关注。

《中国传统建筑与中国文化大系》丛书的出版，呈现出区别于一般建筑史或建筑类型研究的特色。同时，这套丛书主要也是以文化艺术史论的形式，对中国传统建筑相关的文化内容进行较全面的阐释，适合建筑学专业的研习者、设计师、大学院校的学生和古建筑爱好者阅读。由于各种类型的传统建筑其营造目的多有不同，其历史信息和文化内涵也自然会有所不同，因此这套丛书中的体例和字数等也会有所不同，如此或更适于不同的读者进行选择。

怎样从学理层面认知和理解营造技艺，是我们研究营造技艺的一个基本前提。我们首先需要给营造技艺这一概念定义一个基本的内涵和外延，当然，相关的内涵或外延会随着我们研究的深入不断得以补充和完善。在联合国非物质文化遗产语境下，对于传统技艺而言，人们关注的不仅是其纯技术和手艺层面，而尤其重视该项遗产对社区、族群、社会以及整个人类文明进程的发展乃至决定性的意义，或者说是基于一种新的文化背景下的再认识。基于这一认知前提，我们可以发现，即便是狭义的营造技艺，其本身也包含了多重技术与文化内涵：它表现为通过训练获得的一种实现设计目标或任务的技能；它是为了空间和造型需要而创造的技术手段和方法，包括工艺、经验、知识，诸如防洪（涉及选址）、防震（涉及结构选型）、防火（涉及材料选择与加工处理）、防潮防蚁（涉及材料处理）、保暖防寒隔热（涉及材料与构造知识）、通风采光（涉及布局、造型设计）等趋利避害、宜居便生的知识与技术措施；它是完整的工艺系统和操作技巧；它是具有独特性或经验性的工巧和诀窍，以及建筑构思与设计的艺术表达等。

营造技艺可以有狭义和广义之分，狭义的营造技艺特指建造传统建筑的技术及工艺本身，而广义的营造技艺则将内涵与外延均进行了拓展，这也恰恰符合非物质文化遗产有关整体性保护的原则。就广义的营造技艺而言，其内涵应包括几个方面：传统营建技术、工艺、手艺、技巧等，这是营造技艺的核心要素，包括与之密切相关的工具制作与使用，例如传统的运输方法、吊装方法、木材的采伐、石料的开采、砖瓦的烧制、金属构件的加工等；还包括营造工序及施工流程，其中既包括各工种之间的协作配合，也包括时间顺序上的合理调度和安排（图 0-2）。除此之外，营造技艺的外延可以扩展至相关的知识领域和文化事项，前者如规划、设计、相地、工程管理等。就中国传统建筑的布局而言，无论是宫殿、庙宇，抑或园林、住宅，大多是以院落或群组形式呈现的，广而扩之，这种布局方式还可以延展到村落、城镇，其中既涉及对生态环境的认知，如气候、取水、排洪等，同时也包含对居住科学的认知，如防火、防尘、防沙、防潮、防震、防蚁、通风、采光、隔热等，其中还涉及有关材料、构造、结构的科学知识和经验，这些知识和经验或是系统地、或是零散地糅杂在营造技艺的过程中，自觉或不自觉地转化为常识、做法、规矩、法式或禁忌。广义的营造技艺还包括与营造过程相关联的文化习俗，其中包括建造过程中的仪式，如奠基、择日、立架、上梁、乔迁等，也包括一些禁忌和趋利避害的做法，这些都被结合在营造安排和技艺做法中，共同构成营造技艺的整体（图0-3）。

图 0-2　安装与加工技术

图 0-3　徽州民居上梁仪式

刘　托

2022 年 2 月

目 录

第一章 营造技艺解析

中国传统营造技艺，是指以木结构营造为核心的技艺体系，即以木材为主要建筑材料、以榫卯为主要结合方法、以模数制为设计方法和以传统手工工具进行加工安装的建筑技术体系，是在特定自然环境、建筑材料、技术水平和社会观念等综合条件下的历史选择。其典型的特征是：在设计上因地制宜与因材施用，体现了中华民族对自然环境的尊重；结构方式合理，构造做法巧妙，凝结了古代的科技智慧；构件加工与装饰处理展现了工匠的艺术造诣和心巧。由传统技艺所构建的建筑与空间，体现了中国人对自然和宇宙的认识，反映了中国传统社会等级制度和人际关系，折射出中国人的行为准则和审美取向，反映了中国人"道器合一、技艺合一"的理念。

营造技艺就其构成而言，主要包含四个方面，即营、造、技、艺，也可将其归结为设计和建造两个组别，即除了作为核心内容"造"的工程做法与工序工艺外，还涉及"营"的范畴，即相地选址、布局规划、尺寸权衡、结构选型、选材配料等方面，反映了中国传统建筑所强调的设计与施工、技术与艺术相互统一的思想。此外，就非物质文化遗产语境而言，传统营造技艺还应囊括贯穿建造过程中的仪式、禁忌、习俗等。

第一节 营　　划

如果我们把营造分解为经营和建造，那么"营"就接近于我们今天所说的建筑策划、规划、构思与设计。传统汉语中的"营"不是现代意义上个体的自由创作，而是一种群体性、制度性、规范性的运筹，是一种社会集体意志的表达。历史上春秋时期建阖闾城的伍子胥，隋代主持建造大兴城的宇文恺，唐代负责宫殿与陵寝建设的阎立德，宋代编纂《营造法式》的工官李诫与编著《木经》的著名匠师喻浩，元大都的总设计师刘炳忠，明代的工官兼匠师的吴中、蔡信、蒯祥、郭文英，以及清代皇家首席建筑设计师"样式雷"家族等，可以说都是在经营策划上卓有建树的规划师、建筑师。由于中国古代建筑在形制及形式上具有程式化或规范化（法式）特点，从而赋予了有巧思的官员乃至业主通常以规划师的角色参与设计，苏轼在《思治论》中曾写道："今夫富人之营宫室也，必先料其赀财之丰约，以制宫室之大小，既内决于心，然后择工之良者而用一人焉，必告之曰：'吾将为屋若干，度用材几何？役夫几人？几日而成？土石材苇，吾于何取之？'其工之良者必告之曰：'某所有木，某所有石，用材役夫若干，某日而成。'主人率以听焉。及期而成，既成而不失当，则规摹之先定也。"① 说明建造之前需要进行前期的经营策划，一般先是由业主提出或确定建筑规模、拟用资多少，继而由匠人根据业主的要求提出建议，然后拟定建筑设计方案和施工技术方案。就单体建筑施工而言，兼有设计师职责的大木匠也需要事前进行相关设计和推敲。从《营造法式》"举折"一节的描述也可以看出，匠人在施工前要先在纸上画出 1/100 的图样或侧样图，或者直接在墙上以正投影的方式画出 1/10 比例的侧样图，这个过程称为"定侧样"或"点草架"②。在设计方案确定后，再确定用材，定料、定量，在征得东家同意后即可开始营建。清代"样式雷"家族留下来的图样和烫样模型也清楚地说明了古代建筑营造中"营"的相关内容。

任何一种手工技艺，包括营造技艺在内，都毋庸置疑地含有设计成分，如陶瓷烧造有造型设计，印染织绣要有花色图案设计，所有的造物都或多或少地关联着构思设计，可以说设计反映在衣食住行的各个方面，在营造中表现得更为突出，其所包含的规划与设计的内容更为丰富。比如徽州传统村落的选址、布局，涉及非物质文化遗产中所关切的时空观、宇宙观、自然观等方面的知识与实践；村落中的广场、水口、廊桥等空间场所安排（及在其中所举行的各种民俗、祭祀、礼仪活动），构成了非物质文化遗产中特别强调的文化空间；建筑中的庭院、天井等空间形态，以及单体建筑的样式、色彩、装饰风格等都含有"营"的重要成分。

徽州村落是与自然环境密切结合的一种聚落形态，反映了中国传统村落与自然和谐依存的理念，由于地形地貌及具体环境的不同，宏村、西递、呈坎、棠樾等每一处古村落都呈现出各自独特的格局，互不雷同。一般而言，选址和规划时要细致周密地观察自然和利用自然，以寻得天时、地利、人和诸吉皆备，满足人居建筑与自然环境的和谐融合，如西递古村"罗峰高其前，阳尖障其后，石狮盘其北，天马霭其南。中有二水环绕，不之东而之西，故曰西递"③。村落的总平面呈"船形"，一条纵向街道和两条沿溪布置的道路构成村内主要骨架，并形成东西向为主、南北向延伸的村落街巷系统，整个村落被正街、横路街、后边溪 3 条街道和 40 多条小巷及 2 条溪流分划为一个个组团，街巷两旁民居建筑秩序井然、错落有致（图 1-1）。徽州另一处古村落宏村背靠黄山的余脉雷岗山，西面有邕溪河和羊栈河，整体布局遵循了所谓的"牛形"设计理念：背靠的雷岗山为牛首，村口一对古树为牛角，

① 苏轼.苏轼全集[M].傅成，穆俦，标点.上海：上海古籍出版社，2000.
② 梁思成.营造法式注释[M].北京：中国建筑工业出版社，1983.
③ 戴廷明，程尚宽.新安名族志[M].朱万曙，王平，何庆善，等，点校.合肥：黄山书社，2007.

民居群落为牛身，穿村而过的邕溪为牛肠，溪水汇入的月塘和南湖为牛胃，位于村外溪流上的 4 座木桥为牛脚。牛形村的整体设计运用了仿生理念，别出心裁地将村落布局与象征传统农耕文化的水牛形状相附会，是中国传统文化"天人合一""万物有灵"思想的体现（图 1-2）。

图 1-1　西递古村落

图 1-2　徽州宏村古村落中的月池

在村落空间层次上，徽州古村落特别讲求水口的营造，按民间说法，水是财富的象征，水口乃地之门户，选好水口有利于村落宗族人丁兴旺、财源茂盛。水口有自然形成的，如黟县西递村的水口，两山夹峙，中间一条小溪流出，乃天然屏障；有人工建成的，如棠樾村的水口，人工堆筑 7 个大土丘，称七星墩，形成锁钥之势。更多的村落水口是利用各自的山势、冈峦、溪流、湖塘等自然形态，适当加以改造，配置以桥梁、牌坊、楼台、亭阁、石塔等建筑，增加锁钥的气势，加上茂密的树林，形成优美的园林景观。在村落街巷与空间节点设计上，徽州古村落大多具有明晰的秩序感和方向感，由主街—巷道—次巷道构成环状多级网络系统，疏密有致、变化有序。街巷多半不是直线，依靠一系列的标志性空间和建筑，如利用广场、祠堂、书院、塔、亭、阁、桥、牌坊、水井等相联系的空间序列，同时形成景观节点。

在建筑色彩、体量、架构、形式设计方面，徽州民居也都与自然环境保持着一致的格调，并充满设计感，民居平面的基本形式为矩形院落，大门置于中轴线上，也有经山墙一侧门道进入住宅的。堂、厢房、门屋、廊等基本单元围绕长方形天井形成封闭式内院。正屋一般面阔三间，中间堂屋为敞厅，堂屋前两侧的廊屋多向天井开敞。天井是一个进深较浅的窄条形空间，具有通风、采光、排水、遮阳、交通等功能。根据功能和礼仪上的需要，以天井为单位，可沿纵横方向延展成复合型院落。纵向为进，在凹字形、回字形平面基础上组合成"H形""日字形"平面；横向为列，以狭弄连接，进而联系街道。由于雨量充沛，空气湿度较大，坡屋顶出檐较深，山墙高举如屏风，以保护屋身不受雨淋。为了克服闷热，房屋进深大，外墙高耸，太阳不能直射室内，可以取得阴凉的效果。厅堂前后设置的天井使室内外空间紧密相接，建筑物的大部分又经常处在阴影之中，从而形成较大的温差，加速了空气对流（图1-3）。由于徽州地少人多，建房

图 1-3 徽州西递民居中的天井

向上空间多层发展，形成了徽州民居布局紧凑、精致便适的品质。具体到结构与构造设计，更是大木匠师傅的看家本领。由于徽州地区气候温湿，又非地震区，所以房屋结构多采用穿斗式构架，使梁架和屋盖自重较小。高大封火外墙随屋顶坡度叠落呈阶梯形，俗称"马头墙"。墙面以白灰粉刷，墙头覆以两坡式青瓦顶，白墙黛瓦，明净雅素。

从上述营造特点来看，"营"的内容很丰富，但我们也应该在"营"的范畴上划定一个边界，即"营"是相关建造的前期构思与设计活动，属于专业技术范畴的脑力活动和创作活动，但这些内容应主要限制在技术层面，即表现为设计理念、规范、规则、规矩、手法的运用，并不涵盖设计思想、设计哲学、设计伦理、设计美学等相对纯粹的设计理论。"营"是建造活动的灵魂和前提，古代常用法式加以描述和概括。

第二节　建　　造

"造"是指施工建造，其中包括选材加工、制作安装等，是一个具有技术内涵的系统工程。"造"是"营"的实践，也是技艺的载体和实现过程。传统营造行业是以木作和瓦作为主，集多工种于一体的。在营建过程中，各个工种的工匠各司其职，密切配合，保证工程有条不紊地进行，经过长期实践和不断总结，中国传统营造工艺已经形成并发展成为很成熟的施工系统和比较科学的流程。施工管理也是建造的重要内容，因为一项工程涉及不同的层次、不同的技术、不同的工种等，需要投入技术管理人员按预设的方案推进、掌控、调配和协调。《宋会要辑稿》中记载[①]，绍兴二十八年（公元 1158 年）皇城东南一带修筑外城："监修、壕寨、监作、收支钱米物料、部役等官，并于殿前司差拨外，所有计置般运物料受给官等，乞从臣等选差。旧支工食钱：监修官欲支一贯二伯文，壕寨官一贯文，监修、收支钱米、部役、计置般运物料受给官八伯文，作家六伯文，诸作作头、壕寨五伯文，米二胜半，工匠三伯五十文，砑手只百文，杂役军兵二伯五十文，各米二胜半，行遣人吏、手分各三百文，贴司各二百文。"从这段文字中可大体得知宋代参与营造活动的人员有他们各自不同的等级和分工。作为营建活动的高层管理人员，监修官与壕寨官是营建活动的主要负责人，监修、收支钱米、部役、计置搬运物料受给官负责除具体营建之外的运营工作，而作家、诸作作头、壕寨、工匠、砑手只都是直接参与具体营造的核心人员；其他如杂役军兵、行遣人吏、手分、贴司则完成相应的辅助工作。

---

① 徐松. 宋会要辑稿：方域二 [M]. 北京：中华书局，1957.

在传统社会，特别是乡土建筑建造中，"营"与"造"往往是合二为一的，二者之间联系紧密，同属于一个行业或职业，并且集中体现在匠师一身，体现了传统文化中营与造的统一。"造"体现了在非物质文化遗产语境下的营造技艺的本质特征，即非物质、动态、活态的特征，介乎有形与无形之间，营造技艺本身也主要是通过建造过程得以实现和传承。在营建前期，一般由木作作头（大木匠、主墨师傅）与东家商定建筑的等级、形制、样式，并控制建筑的总体规模、样式、尺寸、造价、佣金等。在营造过程中，以木作作头为主、瓦作作头为辅，他们作为整个施工的组织者和管理者，掌控着整个工程的进度和各工种间的配合。工匠师傅从开始的定侧样、制作丈杆到木作、瓦作、石作等完工后进行油漆彩画和内部装修装饰，整个流程是一套成熟完备的施工系统。以徽州和苏州香山地区大木为例，大致有如下工序或流程。

一、择址定向

首先，根据布局，按地形地貌确定建筑轴线；其次，因地制宜地确定每座建筑物位置；最后，根据方向、角度等确定每座建筑的方位。有些地区在建造民房的时候，建筑的朝向忌讳子午向，认为只有宫殿、衙署、寺院等建筑才能用正南正北方位，普通人则没有这样的福气享受，用则招灾，因而民间多不采用正南正北的朝向。接下来，大木匠与东家根据建筑基址情况来确定建筑的形式及尺寸，东家需根据设计要求准备建筑材料，其中大木构件所需木材要在施工前进行备料，东家通常会择吉日进山选材，一般在冬季采伐，多采用杉木和松木，趁次年春水运出山，堆放一年以上使木材自然干燥。

二、动土平基

由瓦匠作头丈量地面尺寸，定位放线，定龙门桩，确定建筑物的基槽边线。然后根据建筑结构情况确定基槽开挖的宽窄、深浅，雨季开挖时还应放坡，以免塌方。基槽挖好后，对原土夯打，进行放线与定平，大木匠将开间、进深尺寸及柱位标记在地基上。房屋一般为奇数，偶数被认为是不吉利的，故较少采用。按传统礼制，民居的房屋不得超过三间五架。在动工之前，东家常常会先在地基上用铁搭（江南地区一种刨土的农具）刨几下，以镇住邪气。瓦匠要在第一铲土中取少许，用红包封好，交给东家收藏。

三、台基安磉

瓦匠在柱下部位铺三角石，称为领夯石。领夯石以上，视建筑物体量或基础条件，砌一至三皮基础石，又称叠石。叠石之上砌绞脚石，绞脚石是沿整个建筑的台基四周布置的基石。绞脚石砌至室外地坪高度，上面砌规则的条石，称"土衬石"。土衬石上面放置装饰台基立面的侧塘石，并承受上层石板荷载，内侧用土夯实，或用三合土做垫层。侧塘石上面沿台基外围四周平放阶沿石，与室内地面基本持平，并略向台基外围四周倾斜，以利排水。柱下部位砌筑与室内地面相平的厚石板，称"礩板石"，主要作用是将结构荷载传递至基础地面。礩板石上置礩鼓。礩鼓为鼓形、方形或覆盆、莲花等形状的石雕构件，用来防止柱子受潮（图1-4）。在江浙一带常会在礩板石的下面放置一些铜钱，称为太平铜钿。施工过程中往往有工匠对唱颂词的习俗：

（甲）：手拿礩石方又方，恭喜东家砌新房，

礩石做得圆整整，新造房屋排成行。

（乙）：今日礩石来安定，四时八节保安宁，

自我做来听我言，东家富贵万万年。

（甲）：一块礩石方又方，玉石礅子配成双。

开工安礩康乐地，竖柱上梁都吉利。

（乙）：禧福降临东家门，砌墙粉刷保太平，

平礩正逢三星照，五福临门万代兴。

图1-4　香山帮工匠正在处理地基和砌筑建筑的台基

四、木构件加工

在加工大木构件前需要做两项工作：一是根据设计要求，对木构件断面、构造复杂的梁架节点放足尺大样，并按大样图出样板；二是制作丈杆，在徽州称为排丈杆，将重要数据如面阔、进深、柱高、出檐尺寸、榫卯位置等足尺刻画于丈杆上。在苏州地区则是对柱头、梁类构件、枋类构件等分别出柱头杆、进深杆、开间杆。按照大样图、样板、丈杆刻度等将荒料加工成所需要的构件，在大木安装时也需要用丈杆来校核构件安装的位置是否正确。在加工厂内将木构件有序地组合试装，称为会榫。通过修整榫卯、套中线尺寸、校衬头等一系列会榫工艺，使对应的榫卯松紧适度、结合正确。很多地方对脊檩的加工有特殊的讲究，如徽州地区将明间正檩（称为正梁）漆成红色，按文东（根部）武西（梢头）放置在三脚木马（架子）上，直到大梁制作完成安装时才离开木马。将加工好的构件编号，按类型打捆备用。在加工过程中，木匠将第一锯所锯下的木料取一小块交由东家收藏。

五、立架上梁

立架上梁是大木架建筑的主体工程，按着由内向外、由中间向两边，或由西向东的顺序进行（图1-5）。以苏州地区三开间建筑为例，首先安装内四界（中心四步架）的木构件，将正间左右前后步柱（相当于外金柱）立起，调整龙门撑校正。将前后枋子插入步柱，并用木销扎紧。校正后把内四界大梁箍入步柱。内四界梁柱装好后以同样方法竖边贴（两侧梁架）、前后廊轩。廊柱（相当于檐柱）与步柱以插梁造连接，并用木销固定。搭成后校垂直，俗称"牮直"。校准后以迎门撑和龙门撑固定。这一步完成后进行一次紧木销。接下来安装桁条（檩）。安装桁条时要注意桁条以雌雄榫连接，中间一根桁条应作雄榫。先安装两边次间的雌榫桁条，再用明间的雄榫桁条把左右两间同时扎紧。立架上梁时，要举行贴彩的仪式，由木匠作头主持，将彩带、铜钱、福字、对联等贴在脊檩和柱子上。工匠们一边布置一边对唱。待明间的脊桁安装到位，上梁仪式逐渐进入高潮，木匠作头头顶装满钱币、糖果、糕点的篮子，沿着梯子向上爬，边爬边唱，到梁端后用红绸带系上一个仙桃或包裹，从正梁徐徐放下。东家夫妇在梁下张开毡毯，迎接包裹，俗称"接宝"，木匠边放边唱。抛梁是上梁的最高潮，村里人知道了都会来看热闹。东家接宝后，鞭炮齐鸣，木匠在上面将篮子里的糖果等物品向人群抛撒，边抛边唱。抛梁过后，工匠作头高声诵读明间金柱上的对联："立柱喜逢黄道日，上梁巧遇紫微星。"接着高喊数遍"福星高照"。东家开心，便慷慨解囊，给所有的工匠分发喜佃（赏钱）。这一天，

足的经济模式。在中国南方广大地区,不唯民居、商铺等小型建筑,即便是庙宇、祠堂等较大体量的建筑也均优先采用这种构架形式。中国西南山区少数民族的木构建筑,也同样是以穿斗结构为主(图1-8)。其特点主要反映在承重和构造两方面:一是中国南方气候温润,没有保暖隔热方面的需要,不必采用厚重的屋顶和墙体进行围护,屋面通常只需铺挂薄薄的板瓦,木构框架无须支撑沉重的荷载,也无须肥梁粗柱,而穿斗结构形式恰恰适用于这种状况。二是对于多以木材作为围护材料的南方民居建筑而言,较密集的排柱也便于在构造上安装门窗和隔板。

图1-8 穿斗式结构

4. 井干式结构

井干式结构是起源较早、应用范围较广的一种结构形式,流行于北欧、俄罗斯、中国的东北、新疆及西南等盛产木材的地区。"井干"一词来源于人们环绕水井构筑的木制护栏,以防止人畜坠井及泥土污物弄脏水质,早期实例有浙江余姚河姆渡原始居住遗址中的井圈遗构。井干结构的特点是用天然圆木或加工后的方木层层累叠,构筑成坚实的壁体。后来人们将这种结构方式用于建筑,并沿称这种结构形式为"井干式":"井干楼,积木而高为楼,若井干之形也。井干者,井上木栏也,其形或四角或八角。"① 汉建章宫中曾"立神明台、井干楼,度五十余丈,

---

① 班固.汉书:卷二十五下[M].北京:中华书局,2012.

辇道相属焉"[①]。《关中记》中也有记载："宫北有井干台,高五十丈,积木为楼。言筑累万木,转相交架,如井干。"[②]

　　井干结构的优点是将支撑、承重、围护结构融于一体,虽使用木材较多,但简便易行,尤适用于谷仓、桥梁、墓葬棺椁等,在中国的东北林区,川西彝族地区,新疆俄罗斯族、图瓦族居住地现在仍有使用这种结构方式的建筑(图1-9)。

图1-9　黑龙江漠河北极村的井干式住宅

5.混合式结构

　　混合式结构主要是指抬梁式与穿斗式的结合,最常见的是在梁架的边跨采用穿斗式,以加强支撑结构的稳定性,减少用材量;边跨以内的梁架用抬梁式,以加大室内柱间跨度,增加室内使用空间的灵活性,这种做法在南方较大型的建筑如寺观、祠堂中尤为普遍。即便是一榀梁架自身,也常见有抬梁与穿斗的结合,如一些南方祠堂建筑中,常有减去中柱或金柱而改用抬梁的做法,以方便室内空间流通(图1-10)。广义的混合式结构还应包括石木结构、砖木结构等,如藏羌建筑就极为典型。实际上很多民间建筑在具体营造过程中往往不拘成规,灵活变通,创造出了既实用又坚固美观的结构形式。

---

① 司马迁.史记:卷十二[M].北京:中华书局,1982.

② 潘岳.关中记[M].上海:商务印书馆,1927.

图 1-10　混合式结构

二、制作安装技术

木构架结构本身具有取材容易、加工简单、组装灵活、组合方便的特点，构架本身可以自由灵活地扩展和收缩，亦不受地形限制，既可组合成平展舒放的宽宅大院，又可以构筑为高下错落的吊脚楼，不需要坚实的地质地基条件，也不要求平整开阔的地形地貌，这一点对于以山地居多、地形环境复杂的中国西北、西南地区尤为重要。对于华南、东南、西南气候潮湿的地区，在隔湿防潮技术成熟之前，采用干栏式的木结构建筑也无疑是最佳的选择。

中国的木构架建筑具有高度成熟的标准化、程式化特征，技术的施用和艺术的表现都在于对这一体系合乎规律的应用，而非匠人的主观发挥。这一体系大到院落组合方式、建筑间的对应与呼应关系、建筑的体量与尺度安排，小到建筑的各种比例和尺寸关系、建筑的结构形式和构造方式、建筑营造的程序和方法、建筑装饰的选用等。随着这一体系逐渐被制度化，最终成为建造的准则和规范，在官方控制的范围内成为工程监督和验收的标准，在地方则成为民间共同信奉和遵守的规定和传统做法。

1. 榫卯构造

1973 年考古人员在浙江余姚河姆渡发现了一处新石器时代的遗址，人们在倒塌房屋的木构件上发现有用石斧、石凿、石楔、骨凿等原始工具加工而成的榫头和卯口，这也是中国已发现的古代木构建筑中最早的榫卯实例，开创了中国传统建筑榫卯技术的先河。中国古代木构建筑绝大部分构件，特别是主要构件都是采用榫卯形式结合的。几千件及至数十万件的大小木构件用榫卯形式组合成一座精美的殿堂或楼宇，反映出装配结构技术的成熟，以及构件加工水平和施工组织水平的高超。榫卯结构的优点在于构件之间是柔性连接，可以吸收横向水平冲击，具有良好的抗震性能。此外，榫卯结构的优点还体现为可以预制装配、节省施工工期等。榫卯结构的缺点是材料断面被削弱，不能充分发挥材料的受力潜能。

2. 模数制度

中国古典建筑的一个主要特征，是整体结构以及结构构件之间存在着统一的数学比例关系，即模数关系。不仅如此，古代中国建筑群体的平面构图或单体建筑的平立面比例，也都因这种模数关系而保持着一种内在的和谐。宋代的材分制度和清代建筑的斗口制度，正是奠定这种韵律和谐的内在基础。这种以某一类或某一组构件的有节律的尺寸系列作为建筑单体和组群的基本模数的观念，早在上古时代的建筑中就已有端倪。

模数制的产生自然有其施工、构造及结构上的原因，但事实上，中国古代的模数制在确定建筑的等级秩序，以及单体建筑自身内在秩序方面也起着重要而独特的作用。宋代《营造法式》当年是作为国家法典兼官书公文面向全国颁发的，其所规定的材分制度包括三部分：一是"凡构屋之制，皆以材为祖"；二是"材有八等，度屋之大小，因而用之"；三是"凡屋宇之高深，名物之长短，曲直举折之势，规矩绳墨之宜，皆以所用之材之分以为制度焉"[①]。甚至于台基的高度等都能以材为度，"基高于材 5 倍"，即不同的用材制度决定台基的相应高度，从而保证建筑整体比例的协调。总而言之，至迟在唐宋时期，人们已经对建筑的设计、结构、用料、施工进行了系统的规范，并创造出极富内在秩序的模数制度，通过这个模数制度把整个中国古典建筑的形制制度化和系统化了。

模数制的建立，使一座建筑内部产生了和谐的比例关系，并用来统领和协调建筑群的秩序，如按照单体建筑在建筑群中所处的不同位置，以及在群体中的不同作用，来选择其相应的材分，从而确定其规模和等级，以保证群体内部各单体建筑之间的等差有序。

---

① 梁思成. 营造法式注释 [M]. 北京：中国建筑工业出版社，1983.

（4）构造措施。为了抵抗地震水平力的反复作用，施工中采取了斜撑、戗柱、侧脚、升起、地栿、穿枋、窗台等，都可以起到抗震的作用，从而加强整体性。

（5）墙体处理。适当控制土砖墙高度，底层用土墙或砖墙、上层用轻质墙，或下截用土墙、上截用轻质墙；墙体做收分处理，墙内加木骨、木柜、竹子、芦苇束、树枝拉结。

（6）斗拱减震。斗拱可有效降低地震冲击，斗拱构件可以分别起到垫托、连接和杠杆的作用。反观无斗拱的建筑，梁柱结合的节点构造相对简单，受震时容易脱卯滑动。

（7）榫卯连接。榫卯是一种柔性的铰接方式，可以吸收和消减地震能量，进而有效地保证木结构框架的整体性（如应县木塔、云南通海聚奎阁、天津宁河天尊阁等）。榫卯的功能在于使独立的、松散的木构件紧密结合成可以承受荷载的完整结构体系。由于榫卯结构的柔性特点，整个木结构具有良好的延性和抗震性能。从现有的实物考察，现存的木结构古民宅历经风风雨雨而保存至今，充分显示了榫卯结构的可靠性。

（8）砖石结构的抗震。砖石材料受压强度高，但砌体的抗拉、抗剪均有致命的弱点，中国古代砖石建筑常采用如下一些措施进行抗震减震（以砖塔为例）：①平面采用方形或多边形。②竖向收分，加强稳定。③结构采用套筒形，内部分层以加强横向拉结。④内外门洞、窗洞交错位置开设，减少地震时这些墙体薄弱环节受到的剪力破坏。⑤砌体中放置铁条、竹篾子增强握裹力。如羌族碉楼建筑在建造过程中，墙体砌到适当的高度时就要在墙中嵌搭长木，以增加稳定性，修建时这些长木可充当脚手架，使碉楼能在无塔吊的情况下继续向高处延伸，而且方便以后的分层，也有利于贮存食物。比较高的碉楼的背部还有石脊，就像人的脊柱一样贯穿在整座碉楼中，起到骨架支撑的作用，这也符合生物学的科学原理（图1-19）。为了抗震、减震，羌族的土碉在夯筑中还使用了一些特殊做法，如每年只夯筑一层，一座十几层的土碉，要十几年才能完成。次年夯筑的土体，在干缩过程中与上一年夯筑的土体在接触面会自动撕开，而上一年夯筑的土体表面薄薄的风化层又促进了这条缝隙的形成，其构造类似滑动减震缝。在每层夯筑时各面墙体下部两端加设木板，不与相邻墙体相连，当地震到来时，这些木板可像滑雪板一样，带着上部土体滑动而削减震能。四面的墙体在转角处像木作榫卯一样相互搭接，可以保证四方来的地震波都有一个对应方向的阻力，防止墙体被甩垮。通过这些特殊的做法可以保证每层各面的墙体各自独立存在。当地震到来时，每层楼既可以水平"滑动"，迅速使震波

衰减，又可以"手拉手"，防止结构变形，可以说这是一种科学、合理的抗震设计
（图 1-20）。

图 1-19　羌族多棱体碉楼

图 1-20　石砌与夯土结合的羌碉

位于四川马尔康的卓克基土司官寨是一座砖石砌筑的五层楼房，其中用泥浆砌筑的碎石墙在做法上也包含了许多抗震技术：墙体下大上小、下厚上薄，呈抛物线状的弧形向上收分；墙体转角的砌法很讲究，用稍大的石块左右交叉叠砌，将四个方向的墙体牢牢地拉在了一起；墙身的砌层一反常见水平层砌法，而是呈现两端高、中间低的弧形，加上墙身外侧收分，使整体牢固安定。在建筑原理上，这类似营造法式中木框架的侧脚和升起，当地震波到来的时候，这种构造就像簸豆子一样，所有的石块都向建筑的中心位置挤压靠拢，建筑不会因为震动而散塌。这种砌法也可以在我国福建及日本的城堡中看到（图1-21）。

图 1-21 马尔康的卓克基土司官寨的曲线墙体

在藏羌地区的墙体砌筑中还保留有原始的沉降缝和减震缝做法，及独特的鱼脊背墙构造，特点是每隔一定距离用特殊加工过的石块砌出鱼脊般的形状，从平面图上看墙身酷似鱼身。这种结构如同现代建筑墙体的壁柱或加强垛，起到稳定建筑的作用。羌碉的墙脊俗称"墙筋"，是抵御地震的关键技术措施，如十二棱的羌碉，由12根墙脊（墙筋）构成十二面墙体，无论地震波是横波还是纵波，都能有效抗震（图1-22）。中国传统建筑砌体的坚固不是靠砌浆强度实现的，而是以厚重、大收分的墙体加特殊的砌体和构件，甚至辅以特殊的施工工艺要求来实现的，砌浆只起到维持砌筑时及砌筑后的弱平衡作用，当地震波到来时，被撕裂的砌缝反而起到削减震能的作用。

图 1-22　碉楼砌筑中用的鱼脊背砌法

3. 防腐（包括防蚁、材料处理技术）

木材是木结构建筑最基本的原材料，但木材有天然的缺陷即易腐朽，民谚有"柏木从内腐到外，杉木由外腐到内"，前者是木材的表面受到腐败菌侵蚀所致，后者是受到钻孔菌虫由内及外的腐蚀。如何对木材进行防腐处理，古代的工匠采用了一些行之有效的技术措施：

（1）适时伐木。木材采伐以冬季为宜，"仲冬之月，日短至，则伐木"[①]"自正月以终季夏，不可伐木，必生蠹虫"[②]。

（2）合理选材。根据用途和位置的不同，选用不同材质的木材，如埋入土中或打入水下的木桩宜采用杉木和柏木，因为杉木"理起罗纹，入土不坏，可远虫甲""柏老者入水土，年久难朽"[③]，柏木、红松、柳木等埋在水、土中较难

① 戴圣. 礼记 [M]. 胡平生，张萌，译注. 北京：中华书局，2017.
② 贾思勰. 齐民要术 [M]. 北京：中华书局，1956. 转引自（汉）崔寔. 四民月令 [M]. 震泽任氏忠敏家塾，清乾隆五十三年.
③ 张宗法. 三农纪校释：卷七 [M]. 邹介正，刘乃壮，谢庚华，等，校释. 北京：中国农业出版社，1989.

腐败，在民间也有"水浸千年松，搁起百年杉"的说法。北京故宫在选用木材的时候，多是根据使用的位置来决定木质，如柱子多用楠木、东北松、柚木，梁架多用楠木、黄松，椽檩望板多用杉木，角梁、门窗、台框多用樟木，脊檩及相邻构件多用柏木。

（3）采用石础：采用石柱础可以防止柱子的根部受雨水侵蚀后腐烂。南方也有采用木柱础的做法，可以在柱础本身糟朽后进行替换，而不影响整根柱子的正常使用（图1-23）。有些明代时期的住宅还有使用柱栿的，目的也是防止潮气沿立柱纵向侵入柱体，即便受潮腐烂也便于更换。

图1-23　福建民间使用的木质柱础

（4）通风排湿：梁柱尽可能外露，以便通风防腐。对隐蔽的木构件要设置排气口和通风口，砖墙与木构架之间一般要有5～30cm的空隙进行通风，通过铁拉纤、木札子、榫头砖和木构架的柱、枋拉结在一起。

（5）材料处理：为更好或更方便进行木材防腐，也有一些针对材料的处理技术。

①药剂法：在木材表面涂刷涂料和油漆，无机涂料中有赭石、土黄、白垩、土红等，颜料中有朱砂、铅丹、石青、石绿、雄黄等，均含毒防虫。暴露在外的构件（椽、檩）端部通常浇涂桐油，处于阴湿环境中的构件（中脊、望板、柱榫等易于菌类繁殖）通常涂护板石灰、生石灰、木炭。

②浸渍法：将木料放入醋酸铜、石灰水、海水、盐水、明矾水中浸泡，甚至用开水煮，进行灭菌处理。

③烟熏和焦炙表皮法：烟有熏屋、固墙、防蛀的功效，经过烟熏的构件客观上可以控制菌虫繁殖。潮湿的气候易滋生蛀虫，烟熏可以保持木材干燥，提高其耐久性。民间用谷糠锯末进行烟熏，可使房子的寿命延长。

（6）墙体防护：砖石建筑腐蚀的原因主要是水分子冰冻膨胀产生的剥离现象，即空气或水中的酸、碱、盐对建筑由表及里、由浅入深的物理破坏和化学作用所致。防护的方法主要是用石灰抹面，较重要的建筑也有采用琉璃砖防护的做法。

（7）防蚁

在中国南方，蚁害是必须加以预防的灾害之一，蚂蚁侵害的部位大多在与墙体交接的梁头，与地面交接的柱脚、门槛，与梁柱交接的榫卯，室外的桥头柱桩等。选择合适的木材是防蚁的首要措施，在蚁害猖獗的地方应选择质地坚硬且有特殊味道的树种，如铁力木、楠木、棂木（东京木）、臭樟、红椿、酸枝、杉木。伐木的时间也需特别注意，"木性坚者，秋伐不蚁，木性柔者（苦味），夏伐不蚁。凡木叶圆满者（阔叶多孔），冬伐不蚁"[1]。另外，不伐死木，因死木感染蚁虫病害的可能性很大。

在加工木构件时，对木材进行防蚁处理有一些有效的方法，如外露木材用灰泥（含石灰）封护或施加髹漆；用青矾（有毒药剂）、石灰水、海水（盐水）蒸煮浸泡（去掉木纤维糖质），也可涂刷烀灰、桐油等，这些防蚁措施有时可以与木材防腐结合起来使用。此外，选址向阳高敞，保持通风干燥，与地面接触的构件尽量不使用木材，如底层檐柱使用石柱，木柱使用石柱础，可以隔断白蚁的通道，都是防蚁的有效措施。

4. 防寒保暖

防寒与保暖基本是同一种技术措施。采用砖石和土坯墙体、土顶厚灰背屋面、吊灰棚或扎纸棚等都可起到防寒保暖的作用。其他如火塘、炉灶、火盆、炙地、火地、火炕等也是各地常采用的保暖防护措施。中国早在汉代已有火地做法，可视为世界上最早的地面辐射采暖做法，明清时期在北方还非常流行，现在在沈阳故宫与北京故宫还都留存有典型实例；内蒙古地区半定居式的蒙古包中常有全套火地设备，地下面有盘旋的烟火道，外面地下有烧火口，地上有烟囱，是起源很早的中国北方通用的一种采暖方式。火炕更是北方普遍采用的采暖方式（图1-24），尤其在北方农村，20世纪50年代在一些北京四合院中还留有火炕的做法。盘火炕也是一门技术性很强的作业，如今火炕文化已被韩国申报为联合国人类非物质文化遗产。此外，挂壁毯、铺地毯也是防寒的措施，被称为壁衣、地衣。

---

① 杨国忠，刘彩，刘怡燕，等．中国古代土木结构建筑的科技内涵[J].河南大学学报（自然科学版），2009,39（04）：436-440.

构架的空间尺度、视觉比例、美学观念等与压白尺和门光尺在某种程度上吻合起来，在使用上更便于巧算，同时也赋予了建筑空间、构成、装折等某种社会学含义。

　　墨斗是画线用工具，由墨汁容器、线、线锤和拖线器四部分构成。画线时，先在木料的两端确定两个点，然后用左手握住墨斗，右手将墨线压入渗有墨汁的棉布或海绵，边压边拖线。到另一端时，用左食指按住墨线并与事先确定的点重合，然后右手大拇指和食指弹起墨线，方向与该面垂直，突然松手，墨线就在木料上弹出一条笔直的线段（图1-34）。

图1-34　木匠用竹笔画线

　　（2）锯割工具

　　锯是大木作中的主要工具，用途主要是解木、截料、开榫等，主要分为横锯、大锯、二锯、小锯和挖锯五种，除了横锯外，其他四种均为框锯，应用最为广泛，框锯中因其使用方法与用途不同还可细分为截料锯、开料锯与榫头锯等。框锯通常由锯梁、锯拐、锯条和麻绳（或铅丝）等组成，麻绳在拧紧后还需要用缥根别住。一般来说，锯拐用硬木、锯梁用杉木制作，匠人称之"红木锯拐杉木梁"。

　　横锯又称快码子，用钢片制成，两端插入硬木把，主要用于打截尺寸大的木料。

　　大锯用于大木构件的开榫断肩，如果所用木料较小，还可用于打截、开板材等。大锯的尺寸一般有两种：一种高为四尺，宽为一尺八寸；另一种高为二尺八寸，宽为一尺三寸。

　　二锯用于小构件的开榫断肩、斗拱制作等，尺寸高为二尺二寸，宽为一尺。

　　小锯主要用于制作小构件，如样板制作等。小锯的尺寸高为一尺六寸，宽为八寸。

　　挖锯主要用于制作凸凹弧面的构件，如霸王拳、菊花头、昂头等带有装饰性的构件。挖锯的高、宽尺寸与二锯基本相同，主要区别是挖锯的锯条宽度较小，只有大锯或二锯的1/3左右。

以上各种锯的高、宽尺寸不是绝对的，主要根据锯条的尺寸在一定范围内灵活制作。除上述类型外，还有一些其他的锯子，如拉板锯、龙锯、大刀锯、小锼锯、钢丝锯等（图1-35）。

图 1-35　木匠用框锯解木

（3）刨削工具

刨是木匠用来平木的工具，目的是使木料的表面平整光滑。在刨子被发明之前，平木工具曾经有过斧、斤、刀、削、镰、锛、铲等，自宋代发明了刨子以后，尤其经明代改进和推广后，刨子成为平木的主要工具。刨子的种类主要有长细刨、中粗刨、划刨、圆底轴刨、起线刨等，刨刃也有多种，如方、圆、凹线等（图1-36）。

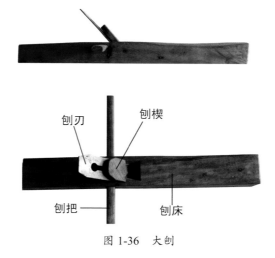

图 1-36　大刨

大刨一般用于刨削较长的木料，属于找平、找直的细加工工具。

二刨又称荒刨，与大刨在外观上相似，尺寸略小，主要用于刨削木料的粗糙面，如在锛、斧砍过后的木料糙面上找平，去掉破茬，是使用大刨前的粗加工工具。

小刨又称净刨，即精加工用刨，是操作中的最后一道工序，决定着构件表面的质量，所以必须压戗，防止木材撕裂。与大刨和二刨不同的是，在小刨的刨刃之上、刨楔之下有一个盖刃，起到保护刃刀部分的作用，使其在工作时不易活动，有助于排除刨花，减少堵塞。

挖刨用于制作有弧度的构件以及净光弯曲面。挖刨的刨床与刨把连作一体，长度为七至八寸，刨刃用铁千斤压住。

裁口刨用于小构件线脚的制作，通过可调节的刨靠板靠紧所选木料，一次性刨刮完成所需要的线型。

（4）砍凿工具

平木工艺还包括砍凿工具，一般与刨削工具配合使用，主要有锛子、斧子、凿子、扁铲、拉杆钻等工具。凿是用来开凿榫眼的工具，常与斧、锤配合使用。斧属于劈削工具，主要用来劈、砍、削大料及敲打，以便将木材加工成有平面的毛料。传统木工工具中还有一种类似于斧头作用的工具——锛，用于削平木料。

锛子是大木工不可缺少的工具之一，被列为诸工具之首。锛子主要用于大木去荒，锛的使用方法是向下向内用力，操作不太容易掌握，使用时要侧身俯视墨线，根据木料的软硬程度掌握下锛的力度，需要按照墨线顺木纹方向修整。在木工操作过程中，木料高低不平的地方都用锛而不是锯来修整，因为用锯加工后的表面还比较粗糙且常常翘曲，而被技术高的木工用锛砍削过的木料表面基本平整，不易变形（图1-37）。

图 1-37　木拱用锛子砍八卦棱

斧子是一种原始时代即被使用的工具，从石斧、铜斧、铁斧一直发展到今天的钢斧，成为大木匠师须臾不离的工具，既可以伐木、破材，也可以用来平木；既可用于砍削，又可用于凿制榫卯，还可以用于钉椽望等，每件大木构件几乎都离不开它。斧又分单刃斧（边钢斧）与双刃斧（中钢斧），单刃斧的斧刃只有一个平面，主要用于劈削；双刃斧即刃锋在斧的中间，主要用于砍劈，类似普通的劈材斧。斧柄由硬木制作，长度依照匠师个人习惯而定。斧的使用方法分平砍和立砍两种，平砍适用于较长的木料，操作时斧刃面向下，以墨线为准先戗茬，每隔三寸用力向下剁砍一下，再顺木纹砍削；立砍适用于较短的木料，操作时斧刃面向外，以墨线为准，从下而上顺木纹砍削。

凿子是打眼（卯）及在狭窄部分做切削的工具，主要有手工凿、凹圆凿、雕凿等。凿刃宽度从二分至五分不等，凿把因要承受锤击需用硬木制成。

扁铲的刃口薄于凿，多用于雕刻和铲削，较少用锤击打，因此要求扁铲要轻便锋利。凡是用刨子净不到的部位均可用扁铲进行修整，使用时刃的斜面朝下，平铲、立铲均可进行。

拉杆钻一般用来钻木螺钉或圆钉的孔，以防构件被木螺钉拧入时造成劈裂。使用拉杆钻时，左手握住钻把，钻头对准木构件上的钻孔中心，右手推拉钻杆，钻头在构件内正反两方向转动，交替进行。

二、石作

石匠在古代欧洲建筑中占有着至高地位，但在中国以土木为主要建筑材料的早期建筑营造中，石材及石作扮演的则是相对次要的角色，而就陵墓、桥梁等工程而言，石作则始终是营建工程的主角。到了后期，石作的比重逐渐加大，不仅台基、室外栏杆等多采用石材建造，在建筑墙体中的重要位置如柱础、门枕、墙肩、墀头等视觉焦点部位常要使用石材进行加固和点缀，也因而常常要进行雕琢装饰。有时石作与石雕合二为一，石工也因之兼具石匠与石雕艺人于一身。

石匠有粗细之分，普通石匠一般只承揽台阶、栏杆、铺地等石活，有雕刻手艺的石匠可以承接华表、翁仲、碑趺、石人、石马及建筑上的石雕工程等。中国古代石匠以曲阳、武强、房山、惠安、富平、绥德、嘉祥等地较为出名。

1. 石作加工

石作包括石料的开采、加工（包括雕刻）、安装。石料开采传统上都为手工操作，开出的石料称作"荒料"，开料时需按实际用料尺寸留出余量，即加出一定的厚度、宽度和长度，称作"加荒"，以便确保用料的尺寸足够。由于人工采料不规矩，加荒一般都加得比较大，使得制作石料构件时首先都要打荒，然后才进行扁光、剁斧、刷道、挂边等加工工序，最终制作好所需要的石构件。对加工好的构件进行归位安装时，石构件之间常常采用石榫卯结合方式，榫卯的加工过程中尺寸必须要严格精准，才能确保安装无误，在安装过程中还需要进行油灰勾缝、灌浆等工序。

2. 石雕工艺

对石构件进行雕刻装饰是石作工艺的精华，就雕刻本身而言，可分为圆雕、半圆雕、透雕、浮雕（又分高浮雕、浅浮雕）、平雕、线刻等，每一种工艺各有严格的工序和技术要求。由汉画像石及墓葬的石雕可见，秦汉时期的石雕技术已经达到很高水平，宋颁布《营造法式》之时，石雕工艺已有了成熟的技术标准和艺术表述手法，到了明清时期更达到高度制度化和标准化。

3. 石作工具

石料加工的传统常用工具有斧子、锤子、哈子、花锤、錾子、扁子、刃子、剁子、楔子（图1-38）。

图 1-38　石匠使用的锤子、剁斧、扁子

（1）斧子：又称"剁斧"，扁长方形，类似于木工斧，单面带刃，用于石料光面上的剁斧迹，把石料表面剁出许多均匀的细纹。

（2）锤子：长方形，在加工石料时，用来打錾子、扁子等。

（3）哈子：长扁方形，两头带刃，刃与把儿互为横竖方向，也是剁斧迹的工具。

（4）花锤：长方形，两头锤顶为平面，平面上又分许多小方块（网格状），方块上都带有尖棱，石料打完糙面，基本平整后，用花锤砸打，把糙面上高出的部位震酥、震掉，使其更加平整，为打平和制作扁光做好基础。

（5）扁子：用圆钢制作而成，一头呈扁刀形，又称"扁錾"，用来刮边及雕刻平面部位，剔出来的部位既平又不反光，称作"扁光"。

（6）刃子：用扁钢制作，一头呈扁刀形，刃子的角度要小于扁子刃的角度，刃子更加锋利，是雕刻石雕花饰的工具。

（7）剁子：打截石料的工具，采用圆钢制作，一头呈扁刀状，大于90°的钝角，不易伤及石料。

（8）楔子：开料时用的工具，用圆钢制作，一头制成扁头，开料时用大锤、钎子把要开的料打出许多的眼，间距20 cm左右，再用楔子钉入，慢慢地把料撑开，能够保证开出所要料的基本尺寸。

其他工具还有尺子、墨斗、方尺、大锤、钢钎等。

三、瓦作

瓦作也称砖作，是古建筑施工的主要工种之一，内容涉及基础工程、各种砖类加工、各种墙体砌筑、室内外抹灰、屋面上苫背挂瓦、室内外墁地等施工，都是由瓦作师傅来操作完成，从业者称瓦匠，也称泥瓦匠、泥水匠。瓦作中有壮工（或称小工）配合负责搬运工作，目的是将有技术的瓦匠尽可能地从繁重单调的体力劳动中解放出来。此外还有灰土工，负责调制各种灰及灰浆，供苫背、挂瓦、砌墙使用。

1. 瓦作工艺

在北方建筑的营造技艺中，砖瓦作占有较大比重，因为要通过墙体围护和屋面御寒保暖，都需要采用湿作业的墙体砌筑和铺瓦工艺。而南方建筑中屋面常常采用直接在椽子上铺望砖或干挂屋瓦，工艺相对简单。西南少数民族地区的吊脚楼、干栏建筑多用木板作为围护墙，较少用砖，因而瓦匠的作用就相对小一些。

墙体砌筑是瓦作的重头戏，包括基础砌筑、砖加工（选砖、砍砖、磨砖）、墁地、砌墙（干摆、丝缝、淌白、糙砌）、抹灰、铺瓦等，各自有不同的做法和工艺要求，江南地区的砖门楼、砖门罩等砖细是富有地方特色的砖作技法，闽南地区的墙体砌筑有许多花砖砌法。此外，附着于砖作中的砖雕、瓦饰等则是更为讲究的砖作艺术工程（图1-39）。

图1-39 瓦工的干摆灌浆砌法

2. 瓦作工具

瓦作常用的工具有：①大瓦刀：砌筑墙体使用；②小瓦刀：屋面铺瓦及夹垄使用；③双爪抹子：苫青灰背及大墙抹灰轧活使用；④鸭嘴小轧子：瓦面捉节及打点缝隙使用；⑤托灰板：抹灰时工人师傅托灰用；⑥平尺板：在砖加工、墁地、抹灰时，用来检查平、直；⑦矩尺：干摆墙体衬脚时，用于砖与柱顶石鼓径接触处划线；⑧蹾锤：是古建筑铺墁砖地面时使用的一种专用工具，锤头为圆形，用老城砖制作，因为老砖经过若干年的氧化后，已达到砖的最高强度，安上木把后，锤头向上、锤把向下使用，铺墁出来的砖地面既平实，又不会把砖震坏；⑨木宝剑：一般用松木制作，形似宝剑，墁细活时挂油灰使用；⑩斧棍、刃子、卡子：砍砖专用工具，三件组在一起称作"斧子"，用于加工砍制方砖、陡板砖、干摆砖等；⑪木敲手：用黄檀木制作，砍砖打扁子时使用；⑫磨头、扁子：砍砖时用扁子敲砖的坏边，再砍制；⑬画签：带尖的薄铁片，宽度不超过1.5cm，长度不超过20cm，打扁前画线用；⑭竹制子：是一种竹材制作的工具，用于卡量砖宽窄、长短，当砖的一个肋或一个头砍制完成后，需砍制另一个肋或另一个头时使用；⑮錾子：当砖的尺寸过大，需要去掉的部分较多时，先用錾子将多余部分剔去，再进行砍制，不易把砖震断；⑯煞刀子：用薄铁皮和木条钉在一起，形似一头有把儿的刀，当砖需要被截断时，使用此种工具像锯木头一样锯拉，非常好使和快捷；⑰方尺：木质加工而成，内角 90°，加工砖时检查砖的转角处是否方正；⑱包灰尺：木质加工而成，内角小于 90°，加工砖时画包灰线用；⑲刨子：类似于木工刮木料所用木刨，刨刃为带有一定刚性的薄铁片，磨砖面时刮糙使用（图 1-40）。

图 1-40　敲手、扁子、磨头等砍砖工具

3. 砖雕

中国砖雕至迟可追溯到秦汉时代，明清时期随着用砖量的增加，逐渐从砌砖工种中分离出来，成为一种独立的手艺，常被使用在建筑墙体的墀头、砖檐、影壁心、须弥座、屋脊及宝顶、透风孔、宅院门、槛墙、廊心墙和匾圈，以及什锦窗、墙帽和店铺挂檐板等部位（图 1-41）。

图 1-41　临夏的工匠在进行砖雕加工

　　砖雕工艺可分为窑前雕与窑后雕两种。窑前雕工艺相对简单，是在砖坯上雕刻后烧制成砖。在未烧制的泥坯上进行雕刻较为容易，特别在早期雕刻工具尚不够精细之前，用木、竹、骨制工具，或一般的铁质、铜质工具即可完成，所以窑前雕也可以称为砖塑。以河南地区屋脊砖塑为例，使用的工具主要有木尺、麻刷、切刀、挖刀和刻塑用的木刀等。工艺流程大致分为以下步骤：蹬泥—打泥板—雕塑—烧制。比较而言，窑前雕的匠人一般要兼顾练泥、雕塑、烧制、修饰等全系列工作，类似制陶和制瓷，也可将烧制工作委托给专门负责烧窑的窑工。窑前雕的缺点是在烧砖过程中容易造成雕刻的损坏和色泽不均。

　　窑后雕是在烧制后的青砖上进行雕刻，由于烧成后的砖体较为坚硬，所以雕刻技法近似石雕。根据技法不同，可分为平面雕、浅浮雕、深浮雕、透雕、圆雕、阴刻等。前三者基本是平面雕刻，只是雕刻的凹凸深度、立体感有所不同。透雕、圆雕工艺要求较高，特别是镂空雕刻，层次丰富，立体感很强。阴刻是用刻刀在砖面上刻出凹进的阴纹，常用于题字和花边。除上述类型外，还有贴雕与嵌雕等独到的工艺类型。所谓贴雕与嵌雕，是采用黏结或榫接工艺，在已雕好的砖面上再叠加一块或几块砖雕的做法，不仅使画面的空间加大，层次深远，还可以综合使用圆雕、浮雕、镶雕、线刻等多种技法，使画面高低起伏，构图丰满，达到"横看成岭侧成峰"的艺术效果。窑后砖雕的制作工艺流程主要为：制砖—打磨—绘稿—雕刻—拼装。其中每个阶段又有各自独特的工序，如制砖中就有选泥、踏泥、打坯、晒坯、烧坯工序；磨砖中包含选砖、浸砖、打磨等工序，雕刻则需要绘图、勾勒、凿廓、雕刻、出细、拼装等工序（图1-42）。

图 1-42　甘肃临夏东公馆入口的砖雕影壁

窑后雕的匠人一般只专注于在烧好的砖料上精雕细刻，对于苏州和徽州等地区的砖雕匠人而言，砖雕通常还包括安装工作，比如门楼、牌坊、砖塔的制作等。如果只是简单地将砖雕作品镶嵌在墙壁上，也可以委托一般的瓦匠代为完成安装。砖雕的安装有两种方法：一是整体砌筑型，如门楼、照壁等，通常是在墙体砌筑的同时安装上去，在砖雕的背面留有凹孔，砌筑时用铁扒钩或燕尾榫拉住并压在墙体中；二是单体镶嵌型，做法是将完成的砖雕作品镶嵌到墙壁上，可以拆卸，安装方法是事先在需要安装的位置预埋铁扒钩，将单块砖雕挂上，然后用燕尾木榫固定，最后用灰浆刷一遍，填补缝隙，做到天衣无缝。砖雕使用的工具除了砖匠常用的工具外，砖雕匠人还有自己专用的工具，如木炭棒、砖刨、弓锯、硬木锤、砂布、磨石、牵钻、棕刷，其中凿子是砖雕最重要的工具，分为斜凿、平凿、圆凿、三角凿四种。此外，不同的雕刻部位还有专用的雕凿工具，不同规格的凿子约有上百只，越是技艺高的砖雕匠人，工具也就越多、越精细。

明代以后，窑后雕在北京、天津、山西、安徽、江苏、广东、甘肃、宁夏、山东、陕西等地逐渐盛行。从南北两大地域来看，北方体系的砖雕造型洗练，风格古朴豪放；南方体系的砖雕造型精致，层次感强，风格典雅绚丽，技法也更为丰富。

四、油漆作

为了保护木构件表面免于阳光和风雨侵蚀，也为了掩盖木材自身的节疤、纹理色泽不匀等自然缺陷，将油漆涂饰于木构件表面，能够形成一层牢固的保护膜，使自然界的有害物质被隔绝于木材之外，从而起到保护木构件、延长建筑使用寿命的作用。油漆作与彩画作的关系非常密切，由于油漆与彩画在功能上有很多相通之处，并且使用很多相同的材料，因此在历史发展的过程中，油漆作最初并没有作为一个独立的匠作存在，而是被包含于彩画作之中。宋《营造法式》一书中就未明确记载油饰专业内容，仅在卷第十四"彩画作制度"中详细记载了炼桐油的方法，说明宋代油饰的材料以桐油为主。清雍正十二年颁行的工部《工程做法》中首次明确提出了油饰专业，将其与彩画作分别独立为两个专业，均有各自的用工、用料规定，其中油漆作的各种做法多达四五十种，仅朱红一色便分为八种细目，可见油漆作工艺之复杂、材料之繁细。

1. 油作技艺

油作又称油漆作或油活，目前流传下来的清代官式古建筑油漆作工艺可以分为三部分：一是地仗工艺；二是油漆（油皮）工艺；三是贴金工艺。每种工艺有其传统的材料、独特的工具及施工工艺。

地仗工艺是油漆作的一种特殊工艺，地仗层是建筑油饰、彩画的基层，主要材料包括灰油（以生桐油为原料熬炼制成）、白面、石灰水、血料、砖灰、线麻、夏布等多种天然材料。其中生桐油、白面、血料为黏结材料，生桐油、白面为植物蛋白胶，血料为动物蛋白胶，这两种胶使地仗每层之间及地仗层与木构件之间能够很好地结合在一起；灰油起到胶结砖灰的作用，增加地仗结壳后的强度和硬度；石灰起到防潮、防腐和烧结的作用；砖灰是地仗的填充材料，相当于骨料，是地仗结壳的主要材料；线麻、夏布是地仗的拉结材料。建筑木构件表面有了这层油灰地仗，就好像给建筑物"穿"了一层牢固坚韧的"油灰外衣"，既能隔绝阳光灼晒及风雨等有害物质的侵蚀，延长建筑使用寿命，又能对木材外观进行修饰，使其达到油饰、彩画施工的外观形状要求与基层要求。因此，地仗作为油饰、彩画的基层工艺，直接影响到油饰和彩画的质量（图1-43）。

图 1-43　地仗磨麻工艺

建筑木构件表面涂饰地仗层后，除了椽头、高等级建筑的椽望、上架大木、斗拱等绘制彩画外，中、低等级建筑的椽望、下架大木、木装修构件都要在地仗外面进行油饰。油作是个精细活儿，三分木工，七分油工，要使成品最终美观，无论木构建筑还是木制家具，油工都起着非常重要的作用。

2. 油作工具

油作工具主要分为施工工具和辅助工具两大类。施工工具包括：①用于油饰施工中掸活、擦活的布子。②用于油饰施工中搓油的丝头（即生丝）。③用于油饰施工中搓油后顺油的油栓，属于油匠自制工具，有五分栓、寸栓、寸半栓、二寸栓、二寸半栓、三寸栓等多种规格，根据施工需要选择大小适用的油栓。油栓通常采用牛尾制成，制作时先将牛尾吊直后用水煮，晾干后浸透油满，然后将其放平后顺梳刮直，垫木条压砖，通风晾干后满刮漆灰，糊夏布，再满刮漆灰和漆腻子，水磨光后刷两道退光漆，每遍工序都要入阴干燥。④用于油饰施工中刮浆灰、血料腻子、油腻子的铁板、皮子。

辅助工具包括：①用于调制颜料光油和放颜料光油的半截大桶、水桶、大小油桶、大小缸盆等容器。②用于研磨颜料的小石磨。③用于熬光油的铁锅、铁勺。④用于过滤颜料的细箩。⑤用于出水串油时吸水的毛巾。

五、彩画作

彩画作又称画作，是中国古代建筑上特有的一种装饰工艺，原属于民间画行中的一个分支。过去画行包括壁画、建筑彩画、灯画、传神、神轴、水陆、彩塑、纸扎、油漆、裱糊等，建筑彩画需要登梯爬高进行作业，因而又被称作"架子活"。国家级非物质文化遗产项目中的东北地仗彩画、陕北丹青、山西墙围画等都是包括了建筑、壁画、墙围画及家具绘画等综合对象的彩画作类型。

1. 核心技艺

宋《营造法式》卷第十四详尽介绍了宋代"彩画作制度"，清代《工程做法》记述了清代彩画制度，书中彩画作各卷各色细目有 70 余种，基本工序有 13 种、细部绘制工艺有 18 种之多，可见彩画作工艺之复杂、材料之繁细。目前流传下来的清官式古建筑彩画按照构件部位可分为梁枋大木彩画、天花彩画、椽望彩画、斗拱彩画和杂项彩画；按照彩画法式、规矩和纹饰图案划分，则有和玺彩画、旋子彩画、苏式彩画、宝珠吉祥草彩画和海墁彩画（图 1-44）。在不同地区，彩画还有各种不同的地方做法和地方风格。建筑彩画除起到保护木构件和美观作用之外，还起到标志建筑等级和使用功能的作用，以配合中国古代社会的宗法、礼制及文化传统，例如北京故宫中轴线上的重要宫殿建筑太和殿、中和殿、保和殿外檐绘制了最高等级的和玺彩画，中轴线两侧的辅助性建筑则绘制了等级次之的旋子彩画。又如皇家宫殿建筑的彩画纹饰以龙、凤、卷草等纹饰为主，寺庙建筑的彩画纹饰以六字真言、佛八宝等宗教纹饰为主，用以显示不同的建筑使用功能。

图 1-44　清代和玺彩画

2. 常用工具

彩画作的工具主要有沥粉工具、彩画绘制工具、辅助工具三大类。此外还有一些是彩画匠人根据施工的便利性自己制作的专用工具。

沥粉施工使用的工具主要有老筒子、单粉尖子和双粉尖子（各种长度和口径）、装沥粉材料的皮子（用猪膀胱制作）、小刀（切割沥粉）、粉针（疏通粉尖子）等。在进行沥粉之前，将上述工具组合成沥粉专用工具，将老筒子放置在皮子中部，将皮子包裹老筒子后再用线绳系牢，皮子上部挖空，底部剪圆，在老筒子外部装上粉尖子，用端部带有粉针的线绳捆扎牢固；用粉板或勺将调制好的沥粉材料装入皮子内，此时粉尖子先应堵上，避免漏粉。

彩画绘制工具包括：①用于染色的猪鬃刷子，用猪鬃加工制作，圆形，分大小、粗细不同的几种。②用于染色的捻子，用猪鬃加工制作，分大小不等几种。③用于彩画平涂染色和勾线的毛笔，分白云、狼毫、红毛、衣纹、叶筋、狼圭、描笔等各种不同规格。

辅助工具包括：①起谱子工具，包括木炭条、碳素笔、铅笔、圆规、三角板、卷尺等。②装盛颜色工具，包括缸瓦盆、瓷碗等。③研磨加工颜色工具，包括手摇小石磨、鲁钵、砚台等。④其他工具，包括线坠、水桶、小线等。

六、裱糊作

旧时室内采光通常是靠在窗棂子上裱糊的薄纸，这些窗纸同时起到防风防晒、隔热隔尘的作用，此外裱糊工艺也使用在室内隔断、落地罩、碧纱橱等上面。在居住建筑的室内通常要进行吊顶，俗称糊顶棚，目的是满足隔热保暖，同时可以使室内空间更加明亮和整洁。此外，裱糊作的营业范围还包括为死人糊明器（也称纸扎）、为活人糊房子，至今在民间还有使用。裱糊作发展到清晚期已经是一个庞大的行业，裱糊匠的作坊通常以冥衣铺的形式承接业务。裱糊匠按每间所需工料费多少计费，也可只包工不包料，材料则由裱糊匠开单让住户自己照单购买。解放前冥衣铺作坊要多过木厂、营造厂、油漆局，据记载那时永顺斋冥衣铺在北京就开设了 200 多家店铺（图 1-45）。

图 1-45　故宫养心殿万子锦地瓦当纹银花纸裱糊天花

裱糊作的工具主要有：

（1）镰刀：用于裁纸。

（2）刷板：长约 1.2m，宽约 80cm，用于裱纸刷糨糊的底板。

（3）敲刀：类似锤子，又名笨刀，用于敲打。

（4）镞刀：用来做镞花工艺的专用刻刀。

（5）咔嚓刀：用于清除旧纸迹。

（6）剪子：用于铰纸。

（7）排刷：又叫糊刷，树鬃，宽度较大，用于裱糊底纸。

（8）抹刷：用来抹糨糊，宽度比排刷窄。

（9）掖刷：又叫排笔，猪鬃，毛较软，用于裱糊底纸或盖面纸。

（10）马扎：用于支刷板。

（11）包袱皮：用于兜钉子、竹签。将方巾的一角打个结，往后腰上一系，前面就出现一个兜，里面放竹签、钉子。

（12）锥子：用于镞活，上面是长方形的木块，下面安着一根长钉。

（13）画笔：即毛笔，做于烧活，如在糊花盆、糊楼阁时，用毛笔往烧活上画绘纹样。

（14）糨桶子：装糨糊用的竹桶，高 20cm、直径 25cm。

（15）糨棒子：用来搅拌糨糊，形状类似擀面杖。

（16）筐箩：用来筐面粉，用柳条编制。

（17）镞刀持棒：刻镞花活纹用，类似蜡板软垫。

（18）拐子：裱糊顶格时用来向上送纸，形状类似丁字形的长棍，高约 2m。

版筑是土作的重要类型，民间称打土墙、干打垒等，特点是按墙体厚度支起夹板，夹板内填充黄土或三合土，或掺杂石子、稻草等，逐层夯打。在古代，一般中小城市的城墙、高台建筑的土台、气候干燥地区的村落民居的墙体大多是使用这种版筑技术夯筑而成的。版筑的优点是就地取材，施工方便，墙体干燥后坚固耐用，可以承重，节省砖木材料，并且保温性能良好（图1-50）。其缺点是不宜设置较大的门洞、窗洞，而且受雨水冲蚀浸泡容易垮塌，因而多用于干旱少雨地区。在干旱少雨地区，也可以用土坯代替砖材砌筑墙体，土坯曾是砖墙应用的前身，包括城墙、外墙、隔墙、院墙、土炕、烟囱、粮仓、拱券等。相较于夯土技术，土坯砌筑工艺除了砌筑墙体本身之外，还应包括选土、和泥、制坯等环节。

图 1-50 版筑技术

2. 土作工具

版筑的工具较为简单，一般有打墙板、橼子、插杆、立柱、横杆、绳、大缦、抬筐、扁担、簸箕等。制作土坯的工具一般有铁锹、二齿钩、三齿钩、水桶、木模、石板、石踩子等。

除以上各作外，还有一些其他匠作，如铜铁作、竹作、叠山作、窑作等。有些匠作在一些地区常扮演着重要角色，例如叠山作，以江浙和北京地区最具代表性。从事叠山的工匠在民间称为山子匠，其工作内容主要是古典园林中的假山堆掇和池岸布置，江南的叠山名匠有张南垣、周秉忠、戈裕良、石涛等，北京则有"山子张""山石韩"等世家（图1-51）。

图 1-51　苏州环秀山庄的假山

　　窑作主要是砖瓦的烧制与加工，在有些地方被列为主要匠作，如徽州地区窑作被当作五大匠作之一。砖瓦的烧制是营造技艺中的重要内容，现今苏州陆慕御窑金砖和山东临清贡砖烧制技艺等都是国家级非物质文化遗产项目。此外，在山西省的太原、阳城、河津和介休，北京门头沟区龙泉镇琉璃渠村，山东省淄博市博山区，济宁市曲阜市等地都保留有传统琉璃烧制技艺，较之一般砖瓦烧制而言其工艺更为复杂，也更为讲究。琉璃制作大体要经过备料、成型、素烧、施釉、釉烧（琉璃大都是两次烧成，第一次是高温素烧，第二次是低温釉烧）等几个阶段。琉璃产品分为模制和手工捏制两大类。琉璃釉料的配比除了考虑颜色的差别外，还要注意与坯料的膨胀系数相匹配。在整个生产制作过程中，琉璃的釉烧是成败的关键，需要在窑位分布、烧成时间、窑温控制等各个环节把控。北京宣武门外海王村（即今南城琉璃厂）曾是北京地区最古老的琉璃窑，俗称"官窑"或"西窑"，元代时自山西迁入，后扩增于北京西山门头沟琉璃渠村，承接过元、明、清三代各种琉璃瓦件的烧制。清代皇家琉璃工程曾经由"样式雷"与琉璃窑负责人共同磋商，"样式雷"绘制砖瓦式样和尺寸，窑厂负责按图施工，并保证产品质量。如今，北京门头沟、山西阳城、山东曲阜等地的琉璃烧制技艺均已列入国家级非物质文化遗产代表性项目名录（图 1-52）。

图 1-52　山西大同九龙壁

此外，还有一些特殊工艺原本也属于营造匠作的范畴，但随着工艺的细分和发展，逐渐独立为特殊的行业，典型的如木雕、石雕、砖雕、金作等；也有一些传统手工艺虽然也常应用于建筑装饰上，但更多的则是独立制作的生活用品或艺术品，因而更适宜作为工艺美术来看待。

第二章 营造技艺名录

　　传统营造技艺在不同的自然环境及不同的民族地区呈现出千姿百态的样貌，形成了丰富多样的地域风格。风格与技艺实际上是互为表里的，采用什么样的建筑技艺往往就形成什么样的建筑风格。技艺具有传承性、连续性、地域性，风格也相应具有稳定性、一致性、独特性。由于中国历史悠久，地域广阔，民族众多，气候和地理条件差异很大，因而在长期的环境适应中工匠们发明创造了很多各具特色的习惯做法，形成了众多独特的技艺体系和建筑样式，这些不同的技艺往往是和不同地区的气候条件、材料加工、居住方式、历史文化、民族习惯、地方习俗等密切相关，但也常以某一方面的因素突出地显示出来，如北方黄土高原有靠山窑、地窖院等不同类型，南方的丘陵地带则有吊脚楼、干栏建筑的不同选择，藏羌村落有别具特色的碉房和碉楼，苗侗村寨也有自己特色的鼓楼和风雨桥。汉族地区虽然普遍流行合院式住宅，但北方开敞的四合院与南方紧凑的天井院存在着显著的差别。即便都属于客家民居，福建的土楼、江西的围屋、广东的围龙屋和四角楼等也还有各自不同的形制及相应的营造技艺。

　　自然环境是决定建筑技艺的重要因素，如黄土高原和江南水网地带、青藏高原和川西盆地、华北平原和西南丘陵在自然环境方面都存在着显著的差异。同时人文传统也对建筑文化产生着重要影响，如中原文化和闽粤文化、汉族文化传统和少数民族文化传统等都是影响建筑形制、风格、工艺的因素，并形成营造技艺发展、传播过程中的流变，产生出不同的匠系、匠帮，营造技艺的流派或风格常常由匠系和匠帮体现出来。匠系和匠帮是指一种相对稳定的技术体系和风格体系，通过匠人具体的营造做法、习规反映出来。匠系和匠帮的形成有多方面的因素和条件，由于营造技艺需要在传承、传播中存续，所以营造技艺的地域性和流变性与民俗学中相关的民系、语系都有一定的关系。由于历史变迁、移民和地方文化不同，在我国形成了如吴越民系、粤海民系、客家民系等不同的民系，附着于这些民系中的技术传统乃至审美情趣各自不同，在北方地区和南方地区形成了多种不同的匠系和匠帮，如江南的吴越匠系，以及苏州的香山帮、安徽的徽州帮、浙江的东阳帮、江西的饶州帮等。总体而言，江南地区建筑具有相近的风格。"江南"一般以江、浙为核心，就建筑而言，江南建筑含江、浙、徽、赣，及受江南建筑影响的一些周边地区，这些地区的建筑结构方式相近、工艺相近，虽然品格、细节各有特色，但均具有构架轻灵、粉墙黛瓦、工艺精细、风格典雅的特点，总体上可归为吴越匠系。但若具体而微，即便是一省之内，也会因自然地理和文化地理的关系而产生不同的技艺流派或做法，如江西的赣北、赣中、赣南的营造技艺就有

"扇股麻花挑角营造技艺"是一种建筑翼角的特殊做法，从建筑内部看，翼角椽的组合形态就如"扇骨"或"麻花"，故此得名。雁门杨氏古建筑营造技艺不仅是一种实用的技艺，也代表了"工匠世家"的一种生产与生活方式，即以家族承传、师徒承传的技艺承传方式和以家族、亲族为单位的生产组合方式。该技艺第三十九代传承人杨贵庭 1948 年生于代县一道河村杨氏木匠世家，是雁门杨氏古建筑营造技艺的代表性人物。代县位于山西省东北部，代县及其所在的晋北地区是中原文化和少数民族文化融合与交流的重要地区之一，现在存有国家级文物建筑"雁门关"和"边靖楼"。

图 2-8　斜拱是杨氏古建筑加工技艺的绝活

雁门民居营造技艺后又扩展为山西古民居营造技艺。山西古民居是山西传统建筑中的重要遗存，民居建筑中的砖雕、彩画也随着进入民间美术类非物质文化遗产的视野。清徐县山西民居砖雕和襄垣炕围画作为极具地方特色的建筑装饰相继列入了国家级非物质文化遗产名录。清徐县地处山西省太原市南部，由于其地理位置的优越性，地势平坦，土壤肥沃，积存了优质丰富的烧制砖雕的土壤，浓郁的文化气息则为砖雕的发展提供了丰富的文化土壤（图 2-9）。清徐砖雕制作工艺精细，要经过 12 个步骤，30 多个环节：①选土：选择两种土质，一种是汾河红黏土，另一种是潇河黄黏土。②制泥：备制好泥是制出好砖的基础。烧制比较粗犷的砖料时一般采用筛土制泥的方法，烧制比较细密的砖料时则用澄淀制泥的方法。③制模：清徐砖模多用椴木制造，椴木耐水浸，不变形。④脱坯：制泥和砖模制作合格合规之外，脱坯时还要求场地平坦。⑤凉坯：砖坯在晾干过程中要求阴干。⑥入窑：雕砖窖的体积较小,一般不超过"内空方丈"。内空较小的原因主要是"好看火、易操作、出好货"。⑦看火:"看火"指的是准确掌握烧砖火候,一般不用"大火",初点窖用的是"小火",行话称其为"热窖"。⑧上水:"上水"的目的是促使窖中的砖块"成色"达到需要的灰色。⑨出窖:"成砖"上水后,打开"窖门"与"窖顶",砖在散热冷却两天两夜后出窖。⑩打稿:包括画稿与落稿两道工序。⑪雕刻:先将砖块切割成所需尺寸,再把雕面和四周磨成平面(磨面时注意防止"失角"),然后进行"打坯"与"出细"。打坯是用刀、凿在砖上刻画出画面构图及景物轮廓、层次,确定景物具体部位,区分前、中、远三层景致。⑫拼排:包括修饰与粘补。整个雕刻过程系纯手工制作,在技法上采用雕刻和镂空相结合的手法,或圆雕,或半圆雕,次要部位和衬境则用浮雕方式处理。砖雕技艺主要依靠师徒、父子之间的言传身教。

图 2-9 山西清徐宝梵寺影壁墙上的砖雕神龛

在山西襄垣地区农村,土炕、火炕是一家人必不可少的寝、食、休息娱乐的场所,炕围画既保护了墙面，也美化了居室，是当地劳动人民结合生活环境创造的一种艺术装饰形式，自宋元时期起已有绘制炕围画的做法，明清时逐渐流行，深受当地民众喜爱。炕围画内容丰富、题材广泛，与百姓日常生活关系密切，多反映驱邪纳祥、喜庆欢愉、道德教化等愿望，其中包含大量社会伦理与生活知识内容，具有文化和认知功能，是当地民众精神风貌与心理特征的映射。当地凡遇结婚嫁娶、旧房翻新，以至祝生祝寿、节日庆典等，绘制炕围画常被视为必不可少的庆贺和娱乐方式（图2-10）。炕围画形式上类似壁画，风格上接近建筑彩绘，结构上分为中心炕围（边道、花边、池子、内心）、靠背、条屏和地围四大部分。绘制工序包括选料、泥墙、裱糊、刷底、播平打腻、托花拓样、绘制着色、刮矾、上漆等。使用的材料包括矿物颜料洋蓝、毛绿、赭石、西丹等，植物颜料有品黄、大红、桃红等；油料有桐油、土漆、清油；纸张选用白麻纸、火棉纸、宣纸等；其他材料有白土、水胶、白矾等。绘制工具主要为草刷、播石、栓（上土漆专用）、各种板笔、毛笔、粉线、曲尺、直尺、软尺、专用裁刀、香头、柳炭条等。

图 2-10 山西襄垣县炕围画《红楼雅集图》

四、地坑院建造技艺

地坑院又称平地窑、天井院、地窨、地窑等，是一种在下沉式院落中挖掘成的窑洞住宅，主要分布在河南陕县、山西平陆及甘肃庆阳等黄土高原地区。该地区拥有大面积黄土平塬，黄土堆积层多在 300m 以上，土质主要由石英和粉砂构成，具有抗压、抗震、抗碱作用，地下水位多在 30m 以下，这种地理地质因素是地坑院形成的前提条件。由于干燥少雨，生活在这一地区的居民优先采用窑洞的居住形式，以适应当地特殊的气候条件。地质学上黄土层被分为午城黄土、离石黄土、马兰黄土，窑洞大多开挖在离石黄土与马兰黄土两种黄土层中。这两种土壤中碳酸钠含量保留较多，抗风化、抗渗水能力强，并具有垂直纹理以及结构均匀致密等优点，在挖掘过程中和之后都不易坍塌，因而利于窑洞的建造。此外，黄土高原地区大多海拔高、风沙大，再加上当地缺少石材、木材这些基本建筑材料，交通也不方便，只能就地取材，因地制宜，用窑洞这种方式来应对自然的挑战。在一些相对平坦的黄土地区，缺少建造靠崖窑的竖向崖壁地貌，人们难以掏挖横向的水平窑洞，便发明了在平地上挖下沉式大坑，然后在坑内四壁挖横窑的方法，建成了地下四合院式的窑洞住宅。从经济造价及工程施工的难易程度来看，窑洞的建造投入少、成本低、难度小，是其他居住形式所不能相比的。加之黄土本身具有保湿、储能、隔热以及调节小气候的功能，具有"冬暖夏凉、保湿恒温"的独特优势。

地坑院占地大约一亩，设施齐备，能满足日常起居的需要。院内的窑洞数量分为 8 孔窑、10 孔窑、12 孔窑不等，也有小到 6 孔窑，大到 14 孔窑的，数量和规模主要是根据居住人数、宅基地大小、经济能力等因素来确定。一般设有主窑（长辈居住）、下主窑（客人居住）、侧窑、角窑、门洞窑、茅厕窑、牲口窑等。院子作为生活使用的空间，周边环以铺砖的甬道。院中植树、栽花、种菜，并设有渗井，用于收集雨水和生活污水。在门洞窑中挖有吃水井，外部入口处设有住宅大门和联系地面层的坡道或台阶。为了防止雨水倒灌和人畜坠落到坑里，在地面上坑口的四周砌筑低矮的挡墙，当地称作拦马墙。靠近坑口周围的地面（窑洞顶部）需要经常碾压平实，以防止植物生长造成雨水渗漏，同时还要向外侧做成缓坡，便于下雨时排泄雨水，对地坑院起到保护作用。布置好的地坑院犹如一个大四合院，一大家子和和睦睦地居住在一起，享受着农耕社会简朴安逸的生活。

地坑院有一整套修建技艺，涉及土工、泥工、瓦工、木工等工种，过去还有风水先生参与选址看地。工序上一般分为以下步骤：①策划准备。②选地。③定向和放线。④选择窑院的类型：按主窑所在方位，确定该地坑院属于风水中的东震宅、西兑宅、南离宅、北坎宅中的哪一种，然后按照每种不同的规矩来进行布局，同时做出一些局部小范围的调整。⑤开挖地坑院：先将平地下挖一个方形或长方形的大

室内装饰，如抱柱对、匾额、挂屏、家具等（图2-14）。木雕最初由木匠兼营，清嘉庆以后逐渐从小木中分化出来，成为专门经营木雕的雕花作坊。

图 2-14 苏作家具

泥水匠分"泥水"和"砖细"两种。泥水主要从事墙体砌筑、屋面铺瓦、地面铺装等。建筑屋瓦的铺设，各种屋脊堆塑式样的使用体现出瓦作砖细匠师的技术水平和艺术想象力，如游脊、甘蔗、雌毛、纹头、哺鸡、哺龙等式样和各种戗角。地面的铺墁是苏派建筑的特色之一，采用普通的砖、瓦、各色颜色的卵石、碎石、矿渣及人们废弃的缸、碗等碎瓷片，以浓淡不同的色彩巧妙地展现了不同质感的纹样（图2-15）。砖细特指磨砖、对缝等细活，诸如门宕、窗宕、贴面、漏窗、月洞门、砖雕额枋、砖雕门楼、砖雕围墙、坐凳栏杆，以及砖塔、砖幢、无梁殿等（图2-16），是苏派建筑工艺的特色之一。

图 2-15 苏州东雕花楼室外铺地

图 2-16 苏州春在楼砖雕门楼

　　苏州相城区陆慕镇西的御窑村出产一种称为"金砖"的青砖，为皇家御用品，广泛使用在故宫、天坛等皇家建筑和江南寺观、园林建筑中。御窑金砖方正古朴、表面光滑、色泽青黛、光可鉴人。陆慕御窑金砖的产地位于长江中下游冲积平原，这里土壤为黄色黏质，是制作优质金砖的上好原料；年平均气温 16℃，年降水量约 1300mm，无霜期 300 多天，气候适合金砖砖坯的成型。窑区水陆交通方便，自然条件和地理环境优越，为御窑烧制、运输金砖提供了有利条件。金砖制作工序之多、工艺之繁复精密、制作周期之长，为砖瓦制造业所罕见。其生产工序多达 20 余道，主要工艺为选泥、练泥、制坯、装窑、烧窑、窨水等。道道工序环环紧扣，一道不达则前功尽弃。一块金砖从采泥到出窑历时一年多，出窑后再经切片、打磨成细料金砖。因对其质量要求严格，故每块金砖上都有监制官府和窑户姓名，以备查验。制作加工金砖使用的工具包括选泥器具如钢钎、加长铁锹、箩筐、绳索；制坯器具如各种规格的木框模具、铁线弓；烧窑器具如长柄铁叉、长柄铁锹；其他如水桶、水磨石；燃料用麦柴、稻草、砻糠、片柴、松枝等。完整而严格的工艺流程与操作方法，及严格的质量跟踪与监督体系，保证了金砖的质量标准。2006 年苏州御窑金砖制作技艺被列入了国家级非物质文化遗产名录。（图 2-17）

图 2-17　苏州市相城区陆慕镇西的御窑金砖厂

太湖地区石材丰富，盛产石灰石、花岗石、黄石和太湖石，构成苏州本地石材的"四大金刚"，香山帮石匠同样也有"粗石"和"细石"之分。粗石匠从事开山采石，细石匠则是将荒料加工成材，做成柱子、门槛、地坪、门枕、柱、门楣、台阶、栏杆、侧塘石、露台、井圈、贴面等多种多样的建筑构件。漆匠分油漆和彩画两个工种，彩画以棕、黑等色调为主，借助水墨、淡彩的烘染，形成与北方浓重艳丽截然不同的婉约格调，和江南水乡环境氛围十分和谐。

自公元前514年春秋吴国建都以来，苏州一直是江南地区的政治、经济和文化中心，北宋末年宋徽宗在汴京（今开封）大兴土木，在平江府（今苏州）设置苏杭应奉局，反映出宋代帝王对香山石材及香山帮技艺的青睐。明清时期，苏州地区工商繁荣、人文荟萃，尤其在园艺、建筑、工艺美术和绘画方面名家辈出，为各种工艺技术的产生和发展提供了充分的条件。所有这些都助益香山帮匠人在中央与地方的重大工程中崭露头角，其中最有名的工匠为江苏吴县人蒯祥。明洪武三十年（公元1397年）蒯祥出生于木工家庭（卒于1481年），其父蒯福是身怀绝技的匠人，当年被明朝官府选为"木工首"入京师（金陵）供役。蒯祥自幼随父学艺，才华出众，蒯福告老还乡后，蒯祥继承父业，出任"木工首"。明永乐十五年（公元1417年），明成祖从金陵北迁时，征召全国各地工匠到北京建造紫禁城，蒯祥也赴京参加了皇宫的建筑营造工作，在京 40 多年中负责或参与了太和、中和、保和三大殿，以及两宫、五府、六衙署等工程营建，并于 1464 年亲自主持明十三陵中裕陵的建造。通过大型工程项目的锻炼，蒯祥在实际建造中积累了丰富的实践经验，逐渐成长为技艺娴熟的大木匠师，因贡献突出，从一名工匠晋升为工部左侍郎，被皇帝称为"蒯鲁班"，他的祖父、父亲也因此被追封为侍郎。蒯祥在当时有着极高的声望，尤其在吴县更是广为传颂，成为香山帮匠人的精神领袖。民间对他的传说很多，不断将蒯祥神化，比如"香山匠人一斧头"传说中记录了蒯祥学艺的过程；"蒯祥醉画金銮殿"描写了蒯祥设计故宫的故事；"巧用短木造皇宫"展现了蒯祥创造"金刚腿""活门槛"的聪明才智；"拔高午朝门，减免三年税"表现了蒯祥心系百姓减免吴地赋税的善举；"蒯祥献艺御花园"则是炫耀蒯祥超人的才艺。这些故事至今在民间广泛流传，足证蒯祥是该时期香山乃至全国营造界的代表人物（图 2-18）。

图 2-18　蒯祥像

此外还应提及的是，南宋绍兴年间（公元 1131—1162 年），中国古代建筑的重要专著《营造法式》重新刊印于苏州，明代两位著名造园大师计成和文震亨皆为苏州人，分别出版了《园冶》和《长物志》两部著作，反映了苏州地区的文化积淀和氛围。近代香山工匠出身的姚承祖编著出版了《营造法原》一书，较为系统地阐述了苏州古代建筑的形制、构造、配料、工艺等内容，叙述了苏派建筑的布局和构造，这些著述对苏州香山帮建筑的发展和传播都起到重要作用。

二、江南传统造园技艺

江南私家园林是中国古典园林艺术的主要类型，其中扬州园林是江南私家园林的重要代表，2014 年扬州市申报的传统造园技艺被列入第四批国家级非物质文化遗产代表性项目名录。

扬州地处南北走向的大运河和东西走向的长江的交汇点上，既有自然优势，如平坦的地势、温和的气候，又有区位优势，如它是交通枢纽与商贸重镇，物产富饶，文教昌盛，历史文化积淀丰厚。扬州独特的地理环境和人文环境，有利于劳动生产与生活，加上商业发达、经济繁荣，促进了扬州传统园林的发展。见于史书记载的扬州园林数以百计，现代学者朱江先生所著《扬州园林品赏录》一书中收录的园林达 240 余所。现存扬州园林大多为清代所建，代表性作品有瘦西湖、何园、个园、小盘谷等园林，以及片石山房、卷石洞天、四季假山等（图 2-19）。

图 2-19　扬州个园秋山

扬州造园技艺的主要特征为：①兼具南秀北雄的造园风格。扬州园林综合了南北园林的特色，自成一格，雄伟中寓明秀，得雅健之致。堂庑廊亭高敞挺拔，假山沉厚苍古，花墙玲珑透漏，为别处所不及。②富含诗画意境。扬州传统园林古色古香，书卷气浓郁，典雅清新，意境深远。扬派叠石源于自然、高于自然，沉厚苍古，有"立体诗画"的美誉。③造园技法精致独特。造园中精选材质，各匠作精工细作，不仅追求整体效果，而且在细微之处极尽雕琢之能。扬派叠石从构思到拼叠讲求"中空外奇"，或挑法造险，或飘法求动，有象外之象、景外之景，给观赏者以平远、高远、深远的感受（图2-20）。④"旱园水意"。以概括和提炼的理水手法使水景更具象征性和艺术性。⑤在花木的配置上，注重品种、形姿、色彩、寓意，以及与其他景观的搭配关系，追求整体气氛和洽、精妙。

图 2-20　扬州何园水心亭

三、徽派传统民居营造技艺

徽派建筑，也称徽州传统建筑，主要分布在古徽州一府六县，即徽州府、六县（歙、黟、休宁、婺源、祁门、绩溪）境内，并影响到安徽省旌德、泾县，青阳、石台、东至等周边地区，江西省景德镇市的浮梁县、乐平市等，浙江省的开化、淳安、建德、临安等县，以至福建武夷山地区。其中歙县的唐模、棠樾、呈坎、渔梁、潜口等保存有完整而集中的古建筑群。徽州民居在布局上多以围合方式组成四水归堂的天井式院落，按规模大小各呈凹字、回字、H形、目字形等多种形式。天井"晨淋朝霞，夜观星斗"，是住宅的核心和中心，不只被用来采光通风，也是聚财气的地方，屋面从四面将雨水（水是财富的象征）汇聚到天井的明塘内，称四水归堂，或四水旺堂。建筑多为两层高的重屋，环绕天井布置，以中心为轴线，呈对称式布置。底层正厅面阔三间，进深五架，两侧厢房设置有廊屋。在建筑形制上，早期明代建筑的开间与进深略小，多用穿斗式梁架，梁面素净简洁，日常生活起居主要安排在楼上，因此一层净空较低，装修设计也主要集中在二楼的栏杆或飞来椅上，这种一层矮二层高的做法符合了徽州人祈求家庭生活节节高升、财富与社会地位日益隆盛的愿望。清代以后，起居生活中心移至楼下，使用空间逐渐发展为下层比上层高，更多采用穿斗与抬梁结合式结构，且建筑构件雕饰日趋繁复、精美。民谚"青砖灰瓦马头墙，肥梁胖柱小闺房"，形象地表达了徽派建筑的特点。

古代徽州建筑业发达，长期的实践积累逐渐促成了体系化的做法和匠意，形成了"徽州帮"技艺，即以徽州工匠为代表的匠人团体及营造技艺，主要是木、石、砖、铁、窑五色匠人及其工艺。徽州木匠也分"大木"和"小木"，大木负责梁架制作安装，通常是现场制作，就地安装；小木主要负责门窗装修，也包括室内装饰等，其中正厅迎面冬瓜梁及梁下的牛腿、雀替等是木雕重点装饰部位（图2-21），木雕用材多以松、樟、柏、楠、枣、杨、桃等为主，雕刻手法

图 2-21　徽州民居斜撑上的木雕

有线刻、采地雕、透雕、圆雕、贴雕、嵌雕，程序为取料—放样—打粗坯—打中坯—打细坯—打磨—揩油上漆，装饰题材受儒文化影响，情节化的人物、故事，动物、花鸟、博古图都是常用图案。

　　徽派砖作包括砌筑斗砖空心墙、马头墙等，常见的砖墙砌法有半砖墙（单墙）、斗墙之分，斗墙又有干斗和湿斗之别，进而有"灌斗墙"、"官盒墙"、鸳鸯墙、编苇灰泥墙等多种做法（图 2-22）。外墙普遍采用高出屋脊的马头墙。马头墙有三山式、五山式，并有"印斗式""雀尾式"等多种瓦饰座头。此外，砖雕门楼也是装饰重点，是徽州砖匠拿手的技艺（图 2-23）。砖雕用材采用本地产的质地坚细的水磨青砖，手法有平雕、浮雕、透雕、榫卯挂镶，程序为修砖—放样—打坯—出细—修补，工艺精细、构图复杂、层次分明，雕工讲究刀法、追求刀味，方硬爽利、粗中有细、刚中有柔。

图 2-22　徽州民居的五岳朝天封火山墙

图 2-23　歙县棠樾村"清懿堂"门前的砖雕

徽州的石作通常包括门枕、门柱、门楣、台阶、栏杆等多种建筑构件制作安装，及房屋建造中的台基石活、天井院中的铺装等。石雕材料有麻石、黟县青等，手法有线雕、平雕、浮雕、透雕、圆雕，程序为石料加工—起谱—打荒—打糙—掏挖空当—打细。徽州的铁匠和窑匠一般各自独立开设作坊，提供建筑工程使用的半成品构件，同时也负责部分安装工作。徽州的窑场分为砖瓦窑和石灰窑，窑匠被称为"把火师傅"，窑作不仅烧制砖瓦，还包括窑前雕的砖雕制作（砖塑），所以窑匠也兼具砖雕匠人的身份。

徽州地区的木雕、砖雕、石雕工匠早期分别隶属于小木作、砖作、石作，后期随着工艺要求的提高和相对专业的精细化分工，从事三雕的工匠大多开设独立的作坊，专攻雕刻工艺，负责设计、制作、安装全套业务，也预定和出售雕刻作品和加工构件，如现在运营中的徽州砖雕作坊、公司、工作室等（图 2-24）。徽州三雕的主要作品有：豸峰"通奉大夫晋三公祠"的覆钵藻井、沱川理坑的"尚书第"和"天官上卿"三雕、古坦乡黄村的百桂宗祠三雕、汪口的俞氏宗祠三雕、许村客馆的木雕"花篮留香"、理坑的木雕"九世同居"、洪村祠堂的避面石雕等。这些雕刻作品是民间情趣与文人情趣的完美结合，思想内容上反映了新安理学的影响，重视审美中的情感体验与道德伦理的自然融合，艺术形式上则体现了民间艺术语言的特点。2006 年徽州三雕单独被列入了国家级非物质文化遗产名录。除了三雕之外，徽州营造技艺中也有彩绘工种，但工艺相对简单，彩画的画面以"线法"勾勒为主，以"落墨法"填彩，风格朴素雅致，在徽派技艺中属于相对次要的装饰工艺。

图 2-24　安徽省黄山市歙县正辉砖雕艺术研究所

徽派传统建筑的地域特色在徽州古村落中表现得十分突出，首先表现在选址与整体布局上，村落的水口设计是徽州建筑环境设计的一大特色，水口被看作是村落的门户和标志，既是进村的必经之地，也是界定村落空间序列的开端，往往构成村落的前景，具有良好的导向性。按照徽州倚重的风水理论，水是财富的象征，水口是地之门户，关系到整个村落的人丁兴衰、财富聚散，为了留住财气，必须选好水口，以利宗族人丁兴旺、财源茂盛。水口有人工营造的，但更多的是利用山势、冈峦、溪流、湖塘等自然形态加以改造，配置以桥梁、牌坊、楼台、亭阁或石塔等景观建筑，增加锁钥的气势，佐以茂密的树林，形成优美的园林景观。一些徽州村落常在水口建桥，多数是廊桥（即风雨桥），既满足了风水的要求，又成为村落的交通要道和公共活动场所，如许村高阳桥，桥的周围还添设有牌坊、楼阁、庭园等建筑，形成村头活动与休闲的中心。人们在借助风水表达吉凶观的同时，也改善了村落的环境及景观，使徽州古村落呈现出山环水绕、画中人家的田园景貌（图 2-25）。现在赣、徽、闽一些地区已将与风水有关的民俗列入了地方一级的非物质文化遗产保护名录，如风水林习俗、风水狮习俗等。

图 2-25　徽州西递古村村口的水口建筑走马楼

四、东阳帮建筑营造技艺

清乾隆年间，婺州（浙江金华地区）经济及文化发展处于繁荣阶段，民间的传统手工技艺如木雕、砖雕、石雕、竹编、草编、纺纱、织带、刺绣、发绣、串棕、弹棉、捏面人、泥塑、打铁、打金、打银、錾刻、铸铁、纸鹞、制陶（瓷）、扎灯笼、走马灯等异彩纷呈，以"东阳帮"为代表的营造业也声名鹊起。"东阳帮"是由工头、泥水、木匠、雕花、石匠、油漆师傅、普工组成的工匠群体，他们走南闯北承揽建筑工程，将婺州的营造技艺辐射到整个江南地区。

婺州的传统建筑受南宋以来建筑规制的影响，在一些重要建筑如庙宇、祠堂、书院、宅邸建造上保留了许多南宋以来的遗制和遗风，与北方明清官式建筑及苏派建筑有较明显区别，比如布置疏朗、结构作用明确、建筑用材粗大、斗拱体形巨硕等。在今天一些大木构件上仍可见到遵古法加工制作的痕迹，如梭柱、月梁、普拍方、挑斡等都有宋风遗制，再如枫拱、琵琶拱等牌科做法，风格古朴、形制特殊，为南方所特有，既可与《营造法式》相映证，又可补《营造法原》之不足。此外，长短椽之制也是非常特殊的做法，在研究木构建筑技术演变和明清南北方建筑制度差异等方面具有很高的价值。

婺州民居在布局上以俗称"十三间头"的三合院为基本单元，前后由两个三合院串联在同一中轴线上的称"廿四间头"，也有四进、五进，七进、九进的。单体建筑的梁架结构常见为抬梁式、穿斗式或抬梁与穿斗混合式。抬梁式梁架多用于三开间厅堂的明间两缝，五开间厅堂的明、次间两缝，其中有瓜柱与童柱式、梁栿斗拱式等不同样式，前者是在平梁或月梁上置瓜柱、童柱，后者是在平梁或月梁上置梁栿斗拱。抬梁与穿斗混合式梁架常用于开敞厅堂的山缝，柱间用虾背梁连接（图2-26）。

图 2-26　浙江东阳卢宅的插柱式抬梁

大木作规制严谨、做法醇厚，集中展示了东阳传统建筑的精华，其中使用插柱式抬梁是婺州建筑的一大特色，做法是在梁两端各做榫头，插入柱子的卯孔中，梁头出际，梁两端下方各垫一个雀替（俗称梁垫、梁下巴）辅助承托大梁，这种形式既有抬梁结构的优点，又吸收了穿斗式构架所具备的整榀梁架稳定性强的优点。明代开始将扁方形的梁断面逐渐演变成椭圆形（包括五架梁、三架梁和双步梁），而且梁的高、厚度比例也逐渐加大，成为肥胖、弧形、弓背的冬瓜梁形制。这种弓背形的曲线，从力学结构上讲，更利于承重，因而也更科学合理（图 2-27）。婺州地区保留了许多南宋以来的营造古制，除了上述月梁外，另如梭柱、普拍方、挑斡等构件及加工方法。再如柱子的侧脚做法，清代雍正时期颁布的《工程做法》规定，官式建筑中可不必再做侧脚，因而民间已很少见到侧脚做法，但在婺州地区仍能看到明清建筑使用侧脚的实例，如东阳民居中的柱子就大多采用柱子向内倾斜的"正升"现象，其柱子的侧脚尺寸与收分尺寸基本相同，如柱高 3m，收分 3cm，侧脚也为 3cm，符合东阳工匠"溜多少，收多少"的口诀（图 2-28）。

图 2-27　浙江东阳卢宅月梁

图 2-28　肃穆堂大木梁架

　　婺州的传统建筑无论大木还是小木，都以装饰丰富的木雕为显著特点，因雕后基本不施油漆或深色漆，基本保留原木天然的纹理、清雅的色泽和精致的刀工技法，故而称"清水白木雕"。东阳木雕主要采用香樟木、椴木、楠木、柚木、银杏木、白杨木、黄杨木、红木等，匠人根据不同木雕产品种类的需要进行选材，然后决定具体的雕刻技法。建筑装饰木雕主要表现在大木的梁枋、斗拱、牛腿、琴枋、梁垫、斜撑等部位和构件上，斜撑有曲尺形、S形、漩涡形、倒挂鱼喷水等形状，雕饰较为简洁明快。牛腿常装饰狮子（麒麟）戏球、仙鹿、山水楼阁、历史故事等，多用圆雕、透雕技法，雕饰极为精美（图2-29）。前廊部位除做成轩外，多用雕花装饰梁栿斗拱，梁头饰龙须纹、鱼鳃纹。门窗的窗格形式多样，有方格纹、回纹、锦纹、夔纹、藤纹、龟纹及其他几何纹。格扇中间常饰木雕花心，绦环板由于其高度正好与人的视线相平，故而成为木雕装饰的重点部位。除建筑装饰外，东阳木雕还广泛用于家具，如木雕几和案、木雕桌和椅、木雕箱和橱柜、木雕床等，以及宗教和丧葬礼仪用品，如各种佛像、神像、佛龛、佛桌、木鱼、佛塔。东阳木雕的雕刻题材和装饰性图案大致可以分为以下几种：①中国神话传说和图腾形象；②佛、菩萨和罗汉等佛像内容；③古典名著和古典戏曲的主角、历史名人、地方英雄好汉、古代仕女美人等；④吉祥动物和怡情花鸟。

图2-29　东阳史家庄花厅牛腿

　　东阳木雕的雕刻技法主要是平面浮雕和立体圆雕两种。主要特征为：①以散点透视方法构图，布局稠密丰满，画面丰富又大气大度。②层次丰富，采用块和线结合，借层次的手法来处理透视。将画面要素分割为不同的单元，讲究密疏对比、穿插呼应，有很强的纵深感。③图像写实传神，形象生动、神韵逼真。④讲究精工细雕，技术高难，一丝不苟。⑤格调清秀淡雅，充分利用材料本身的文理色彩以及工匠艺人的刀工技法，不上色、不上漆，或只上浅色。2006 年东阳木雕被单独列为第一批国家级非物质文化遗产名录（图 2-30）。

图 2-30　东阳木雕工人在加工木雕作品

　　在砖瓦作方面，婺州传统建筑的外墙装修主要集中在正立面大门和檐部、门窗雨罩等部位，一般用砖细工艺叠涩砌出雨罩，砖雕装饰集中施用于照壁、门坊、檐墙的额枋及门罩。婺州的砖雕多为窑前雕，是一种坯雕成型再经土窑烧制的艺术品。婺州传统建筑的屋顶有悬山和硬山多种样式，硬山中又有普通硬山、观音兜和马头墙等不同式样，代表了不同的等级，也增加了建筑形式的变化。民居多采用叠落的五花马头山墙，外壁白抹石灰浆。屋顶采用灰黑色的阴阳合瓦清水脊，檐口设勾头滴水，檐部用冰盘檐。婺州的石雕多应用在建筑的台基、圭脚、抱鼓石、下槛石和石门框的上枋等部位，以及独立的牌坊，雕刻技法简洁明快，线条流畅。

　　在油漆和彩绘方面，婺州也具有自己富有地方特色的做法，以"雕梁而不画栋，重雕而不重油饰"为总体装饰原则，一般仅在外檐廊等易受风吹日晒或斜雨打湿的部位涂刷保护性的熟桐油或本色的清漆，室内尤其是木雕构件很少涂刷油漆。为使黛青色的瓦顶和白色的墙面之间不至于反差太大，通常在檐下三线叠涩位置、门头、窗罩、门斗墙、影壁以及马头墙等部位勾画一些线脚或缠枝花草、勾连云纹等图案，也有采用水墨画形式的，使之在大块的墙面之间有一个黑白间的过渡，称为墨绘，显得和谐而优雅，起到很好的修饰作用。室内彩绘主要用于重要建筑的厅堂大木构件上，多采用"晕色"的彩画技法，以土红、灰、墨为主，纹样采用旋子纹、花卉纹、几何纹、松木纹、锦纹、卷云纹等，不受程式化的局限，富有民间艺术特色。

五、绍兴石桥营造技艺

江南河网地带水乡遍布，石桥成为最常见的交通设施，造桥也成为各城镇最重要的建造技艺。绍兴地处浙东宁绍平原西部，南面主要是会稽山脉，北面为杭州湾。温暖多雨的亚热带季风气候给绍兴带来终年充沛的雨水，因此绍兴地区水源丰富，水网密布，架设桥梁成为绍兴人发展生产、方便生活的基本举措。绍兴石桥品类齐全，划分有18个分支系列，现存石桥670座，为国内一个地区内拥有古桥数量最多的地方。2008年由绍兴市申报的石桥营造技艺被列入了第二批国家级非物质文化遗产名录。

绍兴石桥的特征主要为：①技艺独特。部分石桥（如八字桥、广宁桥等）的形制和营造技艺为国内罕见。②完备的技术体系。绍兴石桥有18个桥型，形成了极为系统的技术体系，特别是悬链线拱桥、折边拱桥，具有高技术含量。③用料讲究。绍兴石料丰富，石质优良，建桥除基本材料外，还要有辅助材料，如桐油、石灰、锡、三合土、蛤蜊，松木作桥柱、桥桩可防腐。石桥坚固耐用，寿命能长达千年以上。④工艺精湛。石桥选址因地制宜，首先要考虑安全、耐久，既为当前解急，又利长久使用。桥型和结构选型合理，既要考虑到行人、车辆的通行需要，又要考虑桥下通航需要和纤道设置需要，还要考虑到排水需要。施工工艺精细，体现了江南传统造桥技术的精髓。

绍兴石桥建筑程序一般为选址—桥型设计—实地放样—打桩—砌桥基—砌桥墩—安置拱券架—砌拱—压顶—装饰—保养—落成。造桥技艺可归纳为三个方面：①造型方面有石梁桥、石拱桥、组合桥。②施工技术体现在如下几个方面：拱桥上部结构施工可概括为先搭拱架，再于架上砌拱；桥墩施工技术有水修法和干修法，山区桥墩多用实体平首墩或实体尖首墩，平原水网建桥往往采用薄墩结构；基础施工技术有小桩密植基础技术及抛石、多层石板基础技术；桥台结构形式有平齐式、凸出式、补角式、埠头式多种形式；材料运输安装技术有浮运架桥法、托木架桥法。③选址要考虑基址安全，桥体结构设计既要满足行人、车辆通行需要，又要兼顾桥下通航和纤道设置，还要考虑到排水需要。

六、石库门里弄建筑营造技艺

石库门里弄建筑是近代流行于上海的一种中西融合的民居形式，因入口处采用花岗岩石板条组成的门框紧箍乌漆厚木大门，形象如官府仓库，故而得名。最早的石库门为建于清同治十一年（公元 1872 年）的上海宁波路兴仁里的石库门建筑，至今已有 150 年历史。上海北界长江、东濒东海、南临杭州湾、西接江苏和浙江两省，属亚热带季风性气候，日照充足，雨量充沛，气候温和湿润，四季分明。石库门建筑非常适合上海的气候特征和地理条件，近代以来，曾经有 70% 的上海人居住在石库门民居中，形成了独具特色的石库门文化。2011 年石库门里弄建筑营造技艺被列入第三批国家级非物质文化遗产名录。

早期的石库门被称为里、弄，即常说的"里弄"，又叫"弄堂"，另有坊、村、公寓、别墅等名号，级别逐次提高，后几种又称为新式里弄，弄也指有别于街面房子的"胡同"，弄口常有中国传统式牌楼。典型的石库门具有中西合璧特征，总体布局采用了欧洲联排式住宅方式，建筑采用的则是江南传统二层楼合院形式，建筑格局按照江南民居传统中轴线的格局进行布置，大门位于中轴线起点，纵深方向依次为天井、客堂和东西厢房、楼梯间、厨房（俗称"灶披间"）、后门。在二楼楼梯拐弯处设有亭子间，二楼为客堂楼和东、西厢房楼。发展到以后，石库门开间由窄变宽，楼层由二层增加到三层，平面布置也由紧凑局促变得更加舒适灵活。建筑内多配有欧式壁炉、屋顶烟囱、通风口、大卫生间等，居住条件已明显优于早期的老式石库门（图 2-31）。

图 2-31　上海山阴路新式石库门

石库门的建筑结构采用砖木结合方式，木构架采用江南民居传统的穿斗式，外墙采用清水红砖墙，砌筑精细讲究，不施粉饰，有的在外墙装点西洋雕花图案。大门是住宅的门面，门头常采用三角形或圆弧形，并装饰西式雕刻或图案。屋顶采用坡屋顶，覆盖青瓦，常开老虎窗用于采光通风，同时丰富了屋顶造型。

七、庐陵传统民居营造技艺

江西吉安古称庐陵，位于赣江中游的吉泰盆地，是庐陵文化圈的发源地和中心区域，境内气候温暖湿润，四季变化非常明显。唐宋以来，庐陵经济发达、文化昌盛，成为享誉全国的"江南望郡"。建于南宋时期的白鹭洲书院成为当时文教建筑的代表，其中风月楼、云章阁为全国重点文物保护单位。至明代，庐陵已成为全国文化最发达地区之一，名宦贤儒在家乡大量投资兴建学堂、庙宇、祠堂、宅邸，至今留存有数以百计的传统古村落，保留了司马第、相国府、大夫第、祠堂、书院等大量精美的古建筑。2014 年庐陵传统民居营造技艺被列入第四批国家级非物质文化遗产代表性项目名录（图 2-32）。

图 2-32　庐陵古村落中的祠堂建筑

庐陵传统建筑具有浓郁的赣中地域特色，表现为天井院式布局、鹊巢宫式屋顶、清水砖马头墙、镏金木雕装饰等，营造技艺主要有以下特点：

（1）打破四面围合的天井式民居形制，将天井推到屋前，居室围绕着室内厅堂布置，形成"天井院"式布局。为了解决厅堂采光问题，创造出天门、天眼等采光通风方式。实例如清道光年间所建的钓源村三连栋 14 号民居，为规模庞大的院落式民居建筑群，空间曲折迂回，建筑古拙气派。

（2）采用穿斗木结构和精美的装饰工艺。庐陵传统建筑进深方向的每榀构架称为"排山"，采用典型的穿斗式木构架做法，有些地方采用插梁式构造连接。木构件露明处多雕刻花纹、线脚，十分精美。木雕施以油漆彩绘，华丽富贵。实例如始建于清嘉庆年间的泰和县剡溪村八栋屋居所，总体布局整齐划一，室内外的雕绘精巧、异彩纷呈，号称"江南第一家"。

（3）重要建筑的屋顶采用称为"鹊巢宫"的构造做法，精美灵巧。"鹊巢宫"的构造做法是用数百块木质圆形雕花构件组合成层层出挑、类似斗拱的结构。实例如泰和县蜀口村欧阳氏宗祠崇德堂，工艺精美，其门楼即为鹊巢宫做法，屋顶覆盖青瓦，四角高翘，气势不凡（图 2-33）。

图 2-33　富有庐陵地方特色的鹊巢宫

（4）建筑的山墙采用清水砖马头墙做法，用"蓝灰勾线"，古朴清新，富有地域特色。

此外，庐陵也是中国风水术中形势宗理论的发源地之一，宗族聚落的规划选址与建设都曾受到风水理论的巨大影响，诸如房屋的选址、定向均要按照觅龙、察砂、观水、点穴的传统步骤对环境进行细致的考察；建房中的奠基、择日开工、上梁、竣工、乔迁等每个环节，通常都要举行各种仪式，并由此形成一整套房屋建造的工序流程和行规习俗。

八、乐平古戏台营造技艺

乐平市位于江西省东北部腹地，气候温和湿润，水陆交通便利。乐平现属江西景德镇市，旧时这一地区属于饶州，当地也有匠人自称饶匠，他们不但在本地区做活，也到周边的省份打工，旧时民间有"饶州多徽商，徽州多饶匠"的说法，当地流行赣语、徽语、吴语等多种方言，可证这一地区的传统建筑与徽派建筑的相互影响。富庶稳定的社会环境，使当地的戏曲文化极为繁荣，宏大精美的戏台应运而生，具代表性的有：①始建于清乾隆年间的车溪敦本堂戏台：依祠堂而建，三间四柱三凤楼式，重檐双戗歇山顶，两侧廊道置厢楼。②横路万年戏台：始建于道光年间，三间四柱三凤楼式，重檐三翘歇山顶。平面格局三面开口，可从三面观看台上的演出。整体造型美观飘逸，比例匀称。小木作构件精巧，造型独特的蜘蛛拱尤具特色。③浒崦戏台：始建于清代，造型采用中国古典牌楼式样，三间四柱三凤楼两硬山式。木雕精美，金碧辉煌，是全国重点文物保护单位。2014年乐平古戏台营造技艺被列入国家级非物质文化遗产代表性项目名录（图2-34）。

图2-34　江西乐平浒崦戏台

乐平戏台建筑的特点：首先是类型丰富，有庙宇台、会馆台、万年台、祠堂台、宅院台等多种形式，其中万年台的形制有三间四柱一楼两硬山式、三间四柱三楼式、三间四柱三楼两硬山式等多种式样；祠堂台依祠堂而建，分单面台和双面台两种，双面台也称"晴雨台"。其次是建筑结构选型合理。乐平传统戏台采用抬梁与穿斗混合式建筑结构，木架承重，砖墙围护，受力合理，结构稳固。匠师根据戏台自身特点对结构加以优化，通过移柱、减柱等手段扩大舞台面积。再者是建筑装饰精美。戏台木构件凡露明之处均施以雕刻，题材丰富，工艺精湛，并敷金施彩。舞台藻井不但令舞台更显华贵，也增强了舞台的声学效果（图2-35）。

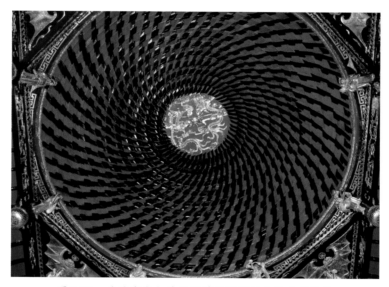

图2-35　乐平戏台大量使用藻井增强舞台的声学效果

乐平传统戏台建造工艺讲究、工序复杂，主要包括：①选料。大木构件多用杉木、樟木等制作，重点装饰部位均用樟材制作。②选址。请风水先生择地，开工时要选择吉日良辰。③确定戏台形制。由氏族成员和建筑主持共同商定。④制图。主墨木工师傅负责绘制戏台图纸，包括正面图、地面图、天图、侧面图、棚图和角图等。⑤营建。以木工为主导，砖石、雕刻、油漆、彩绘等工种各司其职，紧密配合，环环相扣。

九、景德镇传统瓷窑作坊营造技艺

景德镇是中国陶瓷生产重镇，也是陶瓷烧制技艺传承的中心，其中制瓷作坊及瓷窑建造技术技艺是景德镇制瓷技术的重要组成部分，具有独特性和工艺性。2006年，景德镇传统瓷窑作坊营造技艺被列入第一批国家级非物质文化遗产名录

（图 2-36）。现保留有 23 处传统窑房、作坊，其中古窑瓷厂的镇窑为省级文物保护单位。

图 2-36　馒头窑是元代景德镇烧制瓷器最主要的炉窑，以窑形近似馒头而得名

　　景德镇瓷窑作坊营造技艺具体分为"挛窑"和作坊建造两类技艺。"挛窑"技艺包括砌窑（结窑）和补窑（修窑），清以来景德镇最盛行的是"镇窑"。镇窑在构筑上不用任何异型砖，没有复杂的排烟设置，热利用率高，属古代最讲究的窑型。景德镇窑体的形状、结构和材料独具特色，晚清以来景德镇挛窑师傅都是由都昌县花门楼余坊村余姓担当，砌窑或修窑一般需要 5 天时间，挛窑师傅负责打窑基、结窑墙、封窑篷等几项技术性强的工作，结窑囱和其余工作则由窑户的脱坯师、架表工和几名徒工等来完成。

　　作坊包括窑房与坯房，窑房是窑体外围的工作空间，宽敞通风、经济实用、综合集约，具有生产仓库、生产车间和生活间的三重功能。窑房布局与结构形式独特，建造技艺秘不外传。坯房为制坯工作间，一般采用分组布局，每组坯房类似四合院，北面为正间，主要用于制坯，其间数按生产产品和规模而定。正间对面为廒间，是原料储存、加工粉碎的辅助用房，东面为陪屋，为揉泥及储存之用。坯房室外均搭有晒坯木架子，专供晒坯之用，晒架之下设晒架塘。在内院中央砌筑着若干个水塘和存泥塘，作储水、供水和聚积泥坯、掏泥之用。坯房的结构布局集约紧凑，并充

一般先请风水师确定宅址，选择吉日动工，然后从动土平基开始，起基定磉、上梁谢土、竣工入厝等，每一个阶段都要举行拜谢神灵的仪式，祈求上天和神灵的保佑，由此形成了闽南地区富有特色的营造文化。

砌筑墙体是闽南建筑的特色工艺，有封壁砖、出砖入石、夯土墙、牡蛎壳墙、穿瓦衫等多种砌法。"出砖入石"的做法尤具特色，其特点是在砌墙时将石块竖立，砖块横置，上下间隔相砌，石块略向墙内退进，效果上突出了砖与石材在质感、色泽、纹理上的对比。有时利用形状各异的石材和红砖交垒叠砌，形式活泼，富有乡土气息（图2-41）。穿瓦衫砌法是采用红色的板瓦、鱼鳞瓦进行墙体装饰，先用竹钉将瓦片钉在木墙、土坯墙或夯土墙上，然后在瓦片四周用牡蛎壳磨成的灰泥进行勾缝。如果用板瓦装饰，会在墙面上形成白线红底的方格；如果用鱼鳞瓦装饰，整个墙面呈现鳞甲披身的效果。此外，在闽南沿海地区还有一种特殊的牡蛎壳墙，它是用铜丝将牡蛎壳穿在一起，以灰浆黏结而连成整体，然后装饰在夯土墙外面，起到保护墙体和装饰墙面的作用。

图 2-41 砖石混砌是闽南砌筑技艺的特色

闽南民居正面的墙面称为"镜面墙"，镜面墙由下向上分为几个部分，每一部分称为一堵。最下面是墙体的台基，称"柜台堵"，一般由灰白色花岗石砌成。柜台堵以上是裙堵，也就是齐腰高的裙墙。裙堵由灰白色花岗石立砌而成，表面打磨光滑，不作雕刻，主要是为了加强墙体防水。裙堵上面有一层腰线，称为腰堵，用白石或青石砌筑，表面雕刻花草图案。腰堵以上至房檐下，是红砖砌筑的墙身，称为身堵。身堵四边常常用砖砌成数圈凹凸的线脚，称为"香线框"。香线框以内的墙身用闽南地区特制的红砖砌筑，闽南红砖在焙烧过程中，黏土里所含铁元素被充分氧化，所以成品外观呈现出鲜亮的红色。因为在烧制过程中用马尾松作燃料，堆码烧制时在砖的表面形成红黑相间的纹理，被称为烟炙砖，也称为胭脂砖，具有独特的表现力。讲究的人家会在红砖墙上拼出各种图案造型，如万字、钱形、人字、工字、龟背、蟹壳、海棠等，这是当地非常讲究的一门技艺。在红砖身堵的中间有白石或青石做成的窗户，石构窗的窗柱常以圆雕的形式出现，雕有动物花卉，如果是镂花窗，常雕刻有戏曲人物。身堵之上还有一条顶堵，表示身堵的结束。墙身的最上方，与屋檐相连的地方有一条装饰带，称为"水车堵"，特点是用红砖层层挑出，并以泥塑、彩陶、剪粘等作为装饰，有山水人物、花鸟鱼虫等花样，反映了地方的风俗习尚和房主的兴趣爱好（图2-42）。侧面山墙称为"大壁"，形似一堵山，通常有马鞍山墙和燕尾山墙等不同形式，也是建筑装饰的重点。在山墙的山尖部位一般要装饰堆塑，即用泥土塑出立体状的纹饰图案，并绘以彩色。

图2-42　红砖与泥塑、石雕、彩画的搭配十分协调

3. 建筑装饰

闽南建筑装饰融木雕、石雕、砖刻、砖拼（嵌）、泥塑、彩绘、剪瓷、交趾陶于一身，装饰部位遍及整幢建筑（图2-43）。

图 2-43　闽南民居屋顶上装饰的嵌瓷人物造型十分生动

闽南民居的大木构件一般不做过多雕刻，仅在梁头、柱头等处做线脚或曲线处理，如梁头的鱼尾纹、柱头的卷杀等。斗拱、瓜柱等表面一般有浅浅的雕饰纹样。纯粹进行木雕装饰的构件通常是起联系作用的次要构件，如垂花柱、雀替、梁头、随梁、门楣、橡头狮座等处，多用透雕加工，工艺精湛。雕刻的形象有鳌鱼、龙凤、花草、仙人、螭虎、力士等，常结合彩绘、贴金等工艺，更显华丽。"狮座"是梁上起加固稳定作用的构件，通常整体雕成狮子的形象；"托木"类似于雀替，是位于梁与柱子交接处的三角形连接构件，起加固托举的作用，常雕刻成复杂精致的装饰；"垂花"又称吊筒、吊篮，是位于檐口下面不落地的柱子，柱端常雕成花篮或莲花的样式；"竖材"是位于吊筒正面的装饰构件，用来遮挡住吊筒后面穿出来的木榫，常雕刻成仙人或爬狮的样子。

闽南地区的木雕、石雕均十分有名，是构成闽南建筑营造技艺的重要组成部分。闽南木雕的重要代表有莆田木雕、泉州木雕等，分别于2008年、2021年被列入国家级非物质文化遗产名录（图2-44）。莆田木雕早期多用于建筑构件的装饰，如藻井、梁枋、牌匾、斗拱、围屏、吊筒、窗花、神像、祭器等，后期以精细木雕摆件为主，其技艺以"精微透雕"著称，分为黄杨木雕、龙眼木雕、红木木雕、珍贵木雕四大类，其中黄杨木雕作品以人物、花卉为主；龙眼木雕用莆田特产木料加工，有人物、鸟兽、笔筒、花卉、家具饰件等艺术品，以圆雕、浮雕、镂透雕等多种手法体现；红木木雕以红檀、紫檀、绿檀、红花梨、酸枝木等高密度红木为原料，作品包罗万象，富有艺术表现力；珍贵木雕多以名贵木材如檀香木、海南黄花梨为原料，以镂透雕等手法雕刻人物、花卉、山水等。其雕刻工艺十分复杂：①选材相木，即捏泥塑稿或画初稿或打腹稿。②勾轮廓线。③打坯。其中包括斧头坯、凿大坯、凿中坯、凿细坯。a.斧头坯——用斧头打粗坯，劈出大体轮廓；b.凿大坯——用大、中号扁凿及半圆凿整理基本造型，以块面定出人体头部和五官；c.凿中坯——用大、中、小双面凿及半圆凿对主体部分进行局部调整和概括刻画；d.凿细坯——对人物神态、服饰、须发等细节部分进行定位和交代。④修光。a.第一遍修光，即用大、中、小斜形雕刀和大、中、小双面及单面扁凿，自下而上、从后而前剔整坯面；b.第二遍修光，即用斜形雕刀和扁凿、半圆凿、角刀等工具，自下而上、自上而下"削"修一遍；c.第三遍修光，即用斜形雕刀和扁凿、半圆凿和V形角刀，对作品细节进行修饰；d.开面，即对脸部五官进行精细刻画；e.肖影，即对眉毛、瞳仁、双眼皮、酒窝等做细部交代；f.手脚，即对手部指掌、脚部趾踝或靴鞋的刻画；g.绵花，即仕女首饰插花、服饰绣花或武将头盔、铠甲的精微圆、平雕；h.细景，即山石、树木、花草、亭阁的细部刻画。⑤磨光。a.玻璃刀磨光，即用玻璃片顺木纹将产品表面刮遍、刮平、刮顺；b.木贼草磨光，即湿磨、干磨各一遍或中号砂纸磨光；c.菠草（砂草）擦光，即用一种背面似水砂纸的草叶将产品擦得发亮。⑥表面装饰。上蜡推光，或髹漆推光，或上化学漆，或彩绘贴金。

图 2-44　莆田湄洲天后宫檐下木雕装饰

　　闽南建筑所用的材料主要是花岗岩和辉绿岩，石雕技法主要有以下几种：一是素平技法，即将石材表面雕琢平滑，而不施加图案；二是平花技法，也称为线雕，特点是将石料打平、磨光后，依照图案刻上线条，以线条的深浅来表现各种文字、图案，并将图案以外的石面打成凹退的底面；三是水磨沉花，即浅浮雕，雕刻图案的表面也可以磨平，底子上凿出麻点；四是透雕，特点是将石材雕刻成镂空的效果；五是四面雕，将构件的前后左右四面雕出形象，以镂空工艺见长；六是影雕，类似线刻，为闽南特有的雕刻技法，特点是将青石经过水磨，使表面光滑如镜，然后在石材表面用"金刚针"錾点，通过疏密、大小、深浅的不同，雕出花卉、人物等。石雕构件一般都是先进行雕刻，完成后再进行安装。

　　泉州市惠安县自古以"建筑之乡""石雕之乡"著称，其涉及的石雕工程含碑石加工、环境园林雕塑、建筑构件、工艺雕刻、实用器皿五大系列，其工艺包括圆雕、浮雕（包括透雕）、线雕、沉雕、影雕（包括彩雕）五大类，多以实用为主。惠安石雕使用的石材主要是花岗岩，花岗岩化学性质稳定，耐腐蚀，结晶颗粒较均匀，石质坚硬，最优质的石料称"峰白"，能制成精美的石雕艺术品。惠安石雕工艺俗称"打巧"，工艺流程主要有捏、镂、摘、雕四道工序。"捏"就是打坯样，先在石块上画出线条，而后进行初步的雕凿；"镂"是坯样捏成后，根据需要把内部无用的石料挖掉；"摘"是按照图形剔去雕件外部多余的石料，是对坯样的细加工；"雕"是进行最后的琢剁加工，使雕件定型（图2-45）。

图 2-45　福建惠安崇武风景区的石亭

惠安石雕最早服务于宗教建筑，如塔、亭、柱、栏、神像等建造雕刻，不同的历史时期都留下了石雕精品，如宋代的桥、塔、寺，明清的蟠龙石柱、石狮、古建筑民居，中华人民共和国成立后的许多纪念性雕刻工程等，代表性作品主要有唐末五代墓前石雕、北宋的惠安洛阳万安桥石雕、明代的惠安崇武古城、黄塘后郭宋岩峰寺的观世音菩萨像和普贤菩萨像、南埔乡的透雕石龙柱、福州山法雨堂前蟠龙柱等。惠安石雕在艺术风格上讲究形神兼备，突出纤巧、流丽、繁缛、精细、神奇，体现南派石雕婉约精美的特色，是与曲阳北派石雕相媲美的南派石雕艺术的代表。2006年，惠安石雕被列入国家级非物质文化遗产名录。

闽南建筑上使用的砖雕多为"窑后雕"，即在已经烧好的红砖上进行雕刻，线条较干净硬朗，层次丰富，画面平整。闽南砖雕多装饰在墙壁、门额等地方，尤其是大门两侧的墙面，常用大型方砖雕刻装饰，然后拼接成一整幅画面。雕刻时将要表现的图案雕出，底子上涂上白灰泥，红白相衬，远看如透雕或镶嵌画一样。由于红砖易碎，砖雕多用浅浮雕或平雕、线雕技法，以便于保存。

灰塑也称泥塑、灰批，是闽南及潮汕地区特有的装饰手法。灰塑以灰泥为主要材料，灰泥的成分包括石灰（或牡蛎壳碾成的灰粉）、砂、棉花（或麻绒）、煮熟的海菜等，混合之后再经过充分搅拌，使其均匀，然后用细网筛去杂粒，加水调和后放在大桶中进行保养。养灰需要60天左右，使灰在自然空气中经化学变化渗出灰油，这样可以增加黏性。为了增加黏性，有时还在水中掺入红糖或糯米汁。灰塑要趁湿制作，有较大的可塑性。在制作过程中，如果掺入色粉，或者在泥塑未干之时刷上颜色，并使之渗入泥塑，便成为彩塑。也可在半干的泥塑表面进行彩绘，刷色的色粉要与胶水搅和，以便固定在泥塑上面。灰塑彩绘多用于住宅墙身、檐口及山墙的山尖处，屋檐下也常用高浮雕的形式表现山水、人物、花鸟等题材。

闽南民居所用烧陶是一种低温彩釉软陶，用800～900℃的温度烧成，釉层较软，容易风化，但外观温润亲切。因为这种陶的发源地是在古时候称为"交趾"的广东一带，所以又被称为交趾陶。由于低温烧制工艺的限制，烧制出来的陶作为装饰硬度不高，在制作较大的构件时，往往需要分开烧制，再拼接安放。用交趾陶工艺制作的建筑构件多以实用为主，材料较为粗重，不如灰塑精致，再加上避免碰撞损毁等因素，交趾陶一般适于安装在墙头、屋脊、山墙尖、照壁等较高位置。

剪粘也称堆剪，常装饰于屋面正脊上，正脊采用镂空花砖砌筑，中间砌出高耸的人物、动物、花卉等装饰。剪粘技法主要是"剪"与"粘"两种，由泥塑与剪粘两道工序组成。一般先以铅丝、铁丝扎成骨架，再以灰泥塑型成坯，在坯的表面粘上各色

染上有关色彩。③立体嵌：先用铁丝扎好骨架，然后用灰浆塑好雏形，再以瓷片嵌贴。

在潮汕地区流行一种称为"斗工"的营建习俗，凡是大型建筑工程，如宗祠、寺庙、宝塔、富人大宅院等，东家通常会请两班或两班以上的工匠参加营建，比赛工程质量和手艺技术。这种习俗谓为"斗工"。想在技术上出人头地的工匠也都乐于接受挑战和应战，于是，建筑工地成了竞技场，工匠呕心沥血、穷尽妙思，各显绝技。斗工实际上是一种公平竞争，"是骡是马牵出来遛遛""牛角唔尖唔过岭"，这种习俗客观上提高了潮汕工匠的总体技术水平，不少老艺人因此青史留名，青年工匠脱颖而出。许多有名的建筑和传世杰作就是斗工斗出来的艺术精品，民间至今还流传着不少这方面的传说和逸闻。如潮州的涸溪塔和龙门塔，传说就是由师徒两人分别建造的，徒弟技术不亚于师傅，也有心压过师傅，师傅当然不会轻易认输，于是师徒各造一塔，进行斗工比试，故事绘声绘色、曲折动人。最典型的作品要算彩塘镇资政第大门两边镶嵌的四幅石雕，其中"渔樵耕读"一幅图中，放牛娃手里挽的牛绳比火柴梗粗不了多少，雕得十分精致，股数清晰可辨。在斗工中，据说有三位工匠呕血而死，轮到第四位师傅上阵，并不因为有三位同行为此丧命而胆怯，而是抱着为艺术献身的精神，勇敢地接受挑战，在总结了前人经验的基础上大胆创新，终于打造出堪称艺术佳构的作品。清光绪二十五年（公元 1899 年），汕头兴建存心善堂，善堂主事人为了保质保量和美观，决定采取"斗工"形式，邀请潮汕各地嵌瓷名家前往斗工竞艺，名派吴丹成和他的徒弟许石泉、陈派陈武和他的高徒何翔云等都在受邀之列。其时陈武年事已高，19 岁的徒弟何翔云代师创作出了"双凤朝牡丹"，吴丹成则以"双龙戏宝"对决，两者皆成潮汕嵌瓷艺术的传世之作（图 2-49）。

图 2-49 广东汕头潮南大寮许氏祠堂嵌瓷装饰"北扫通罗"

三、客家土楼

客家土楼主要分布于福建省西南部的南靖、永定、华安等县，以及赣、粤客家人聚居的地区，这片地区属亚热带海洋性季风气候，温润多雨，植被茂密，森林、矿产和水力资源丰富，区域内以丘陵地貌为主，自然环境较为封闭。土楼的形式各异，从外观造型上主要分为五凤楼、方楼和圆楼三类，此外也有其他一些变异形式，如五角楼、半月楼、万字楼等（图2-50）。在整体布局上，客家土楼要对坐向、大门及各家户门的开启方位、中（正）厅的位置、楼内排水方向（俗称"放水"）、楼外道路等做出总体规划，还要对楼的大小、层数、圈数，以及主楼、横屋、天井的关系等进行统筹布置，进而要对每层房屋的开间数及开间尺寸的大小等做出细致的安排，此外还要对屋面形式和屋顶瓦面的铺设等做细节设计。

图2-50　福建土楼裕昌楼

夯土墙是土楼最重要的结构要素，也是构成土楼外观的主角。夯土墙在设计上十分注重它的防御功能，墙的厚度要根据楼的大小、层数而定。一般情况下，3层以上的土楼底层墙厚都在1m以上，由下而上逐层做台阶式收减。高度也是根据楼的层数、地势的高低，以及地基土质情况的综合因素而定。底部砌筑石基，石脚一般要露出地面0.5m以上，石脚的顶宽与墙的厚度相近。楼层高度通常以1枋墙的高度（约36cm）为计算单位，一般底层9枋、顶层7枋半、其他各层7枋。各层房间的开间根据不同用途而大小各异，门厅、后厅比普通房间宽，后厅又比门厅大，楼梯间比普通的房间小，楼上各层都有走廊相互连通。楼主在动工之前必须对土楼每个细节考虑得一清二楚，木匠师傅和泥水匠师傅分别根据各种用料的大小、长短等规格列出木材及石材的用料清单，按照清单安排加工制作。土楼的建造工艺继承了中原古老的生土建筑传统，保留下来大量的古建筑技术，为研究传统建筑技艺提供了活化石（图 2-51）。土楼的具体建造工序分为以下几个步骤。

图 2-51　福建土楼裕昌楼内景

1. 择址

土楼宅址要选择在避风聚气的地方，即地势高爽、四周有青山拱卫、前方开阔有绿水环绕、阳光充足且环境优美之处。客家人喜欢在村落的后山、村前的水口处种植风水林，使得居宅（村庄）周围绿荫环抱，空气清新，适合居住。为此，土楼大都坐北朝南，也有一些因地形选择坐东向西或坐西向东的，个别坐南朝北的土楼是受地形的局限所致，不得已而为之。选择宅址要讲究"避煞"，人们将低洼、阴湿、狭长的山谷称为"窠煞"，不宜住人，要避开这些不利于人居住的自然环境。

2. 备料与请工

土楼建造前要进行统筹设计，首先由楼主人拟定土楼形状，如选择方形、圆形或五凤楼，还要确定规模，如大小、间数、层数等，然后是确定土楼的整体框架形式和建筑样式，大致形成建筑总体构想。在这个环节上，常要请来风水先生、木匠师傅、泥水匠师傅，一起谋划相关事宜，做出详细的施工安排，以便保证所有想法符合实际，能够实施并便于操作。接下来开始备料，所需要的材料主要有生土、石料、木料、竹料、砖瓦、石灰等。这些材料有的要在未开工之前备好，有的可以一边施工一边进料。

　　生土就是夯墙的泥土，一般用黏性黄土，或用农田熟土之下的土层，称田骨泥，以田骨泥为佳。石料用来砌大墙的石脚，一般用山石或河石，无须加工，小石块用作砌石基时的填料。石门框一般用坚硬的青花岗石加工（图 2-52）。石柱础用青花岗石制作，可加工成方柱形、圆柱形或鼓形。有的土楼为了坚固和防潮，在底层用石柱替代木柱，楼层窗框也用石条，在底层内外走廊铺砌石板，平整耐磨。木料多选用当地的杉木，用于加工梁、柱、椽、桁、梯、门、窗等建筑构件，同时也用作辅助性材料，如夯墙时埋入墙中的"门排""窗排""墙骨"等。如果地基不实，还要用大松木来打桩和做基础枕木，此外也可用来做楼梯和楼板。竹料用作挑土上墙的畚箕和遮盖土墙的竹墙笪。此外，还用老竹头做成竹钉，用来钉椽板。

图 2-52　庆阳楼的石门框

砖瓦也是建房的必备材料，因为用料较大，外出采购不便，为节约开支，一般请来砖瓦师傅自己开窑烧制。不同用途的砖瓦其规格不一样，常常根据需要烧制多种用途的砖瓦。有时也使用土坯泥砖砌矮墙及土楼内部房间的隔墙。石灰是夯土和砌墙时不可缺少的辅料，土楼夯墙时要在泥土中掺入一定比例的砂和石灰，使墙体更加坚固，并增加防水性能。装修时用石灰粉刷墙壁，石灰还被用来铺盖地板，可以起到隔湿防潮的作用。

3. 基础施工

为了坚固和防潮，夯土墙的基础要用石头垒砌。基础处理分为两个步骤：第一步是地基处理，即将石头基础埋在地下，让墙体生根，以保证高大厚重的夯土墙稳固不倒。先按照墙体的宽度向地下挖石脚坑，宽度与深度要视楼的高度及地基土质情况而定。楼越高地基的荷载越大，石脚也越大，石脚坑也挖得越深。土质松软的地基，必须深挖到实土层；如遇烂泥田或河边沙滩，必须在石脚坑内密打松木桩，桩与桩之间纵横交叉叠落放置二至三层粗大的老松木作枕。俗话说，"风吹千年杉，水浸万年松"，老松木饱含油脂，耐水浸泡。第二步是在挖好的基坑里干砌石脚，不用任何粘连的材料也能把石脚砌得坚固，石脚表面还呈现出有规则的花纹图案，美观大方。石脚高度根据地基状况而异，即使同一座楼，因不同位置的地基土质不一样，其深度也有差别。石脚要露出地面 50 ～ 100cm，易发洪水地区石脚露出得更高（图 2-53）。

图 2-53　土楼下部高大的石脚

4. 墙体夯筑

土楼外墙一般为夯筑土墙，夯土墙既是土楼的围护结构又是承重结构。外墙墙基多为鹅卵石或条石、块石砌筑，高出地面 1 ~ 2m，然后在墙基之上夯筑土墙。土楼外墙从下而上逐渐向里收拢，呈下大上小的梯形。外墙底部的厚度一般是顶部的 1.5 ~ 2 倍，保证了建筑整体的稳定性。夯筑土墙是一件技术要求很高的工作，首先要准备好夯墙工具，夯筑工具有墙枋（"狮头"和墙板卡）、舂杵、长短墙拍、墙铲、竹墙钉、铅垂等。此外还有一般的木工和瓦工工具，如罗盘、尺子，木工用的斧头、锯子、棉线盘车、水准尺与长短木尺、铁锤、榔头，瓦工用的丁字镐、泥刀、泥锄、木铲、圆木横担等。夯筑前要备好加工好的熟土，并且备足墙骨、"门排""窗排"，还要准备好遮墙的竹笪、草毡，或其他可以挡雨的材料。

夯土墙要分层夯筑，每层称为一枋，每枋土墙要多次上土夯筑，一般底层一枋墙要"六覆六夯"，顶层墙至少"四覆四夯"，所谓"几覆几夯"。夯筑时要讲究技巧，以"四覆六夯"杵法为例：第一遍横夯，在墙中间下杵，每"窟"连下两杵，先轻后重。第二遍横夯，对着第一遍四个夯点的中缝下杵，每个夯点也是连续下杵两次，先轻后重。第三遍直夯，对着第二遍的四个夯点的中缝下杵。第四遍再横夯，对着第三遍的四个夯点的中缝下杵。最后一遍要留下杵迹，夯成凹凸不平的毛面，增强上下层的吻合力。每夯完一"覆"要放入竹木墙骨，起到筋骨支撑作用。墙骨的数量视墙的厚度而定，大墙放 4 ~ 5 排墙骨，子墙（内部隔墙）最少也需放 2 排。所放墙骨的长度要与夯墙的长度相同。墙骨上要压一覆墙泥，并将墙骨与墙泥一并夯实。最后在上下两枋墙之间用长竹片连接，俗称"拖骨"。"拖骨"至少超出下层墙二枋的长度。在方楼转角处还要放一到两个交叉的墙骨，俗称"交骨"。夯筑时还要注意相邻的上下两枋墙的接缝处要错开。方楼的墙角上下相邻的两枋墙体之间要交错搭压。在夯筑子墙时，子墙与大墙的交接处也要上下交错搭压。夯筑至门、窗高度时，要在门、窗的顶端放置门排和窗排（楣梁），用来承托门、窗上方的墙体。一般在安放门的地方都会预留门洞；但安装窗户的地方不会预留窗洞，待后期把土墙凿开洞口来安放窗户。

在夯筑完一圈土墙后，若要再夯筑上一枋墙时，必须要看夯好的墙是否已经"行水"。所谓"行水"，是指土墙已经干燥到了一定的硬度，能承受得住上一枋墙的压力。墙厚 1m 以上的大土楼，土墙时要分段夯筑，以保证夯墙的质量，也便于安排劳力。土楼大墙的厚度一般都会从第二层起由下而上逐层递减，每层减少 9 ~ 18cm。大墙的顶层一般以不少于 54cm 为宜，既会增加稳定性，视觉上也显得雄伟。

5. 立柱架梁

土墙夯筑至一层楼高时，开始立柱架梁（俗称"企柱"）。方楼架梁，需要在大墙上按开间位置挖好梁窝，在楼内相应的房间分隔线上，按照房间的进深放置"金柱"，放置柱子前要放好柱子下面的石柱础。两根金柱之间用横梁连接，再在上面架挑梁，上面铺承托楼板的木枋，随后放置"龙骨"。埋入大墙一端的大梁要适当抬高（俗称"让水"），以便梁架在土墙干透收缩后保持水平。二层以上在下一层挑梁头上还要立一根廊柱（俗称"步柱"）。建造圆楼的架梁技术更为复杂，木匠师傅要按照放样定出金柱位置，用"丈杆"和"活尺"确定每一根"金柱"与梁连接的角度，以保证咬接准确。四层以上的大楼金柱，一般一层与二层上下垂直连接、三层与四层上下垂直连接，而三层的金柱会比二层的金柱向房间内移动一定的尺寸，以增强稳固性。

6. 献架出水

架屋顶俗称"献架出水"。顶层土墙夯筑到顶层墙头后，开始架构大梁（俗称"扛梁"）。福建土楼多为穿斗与抬梁混合式木构架。大梁架在土墙的一端，上面至少还要夯两圈墙用来压住大梁。大梁伸出墙外的长度与楼的高度之比一般为1：4，在楼内一端，要盖过底层的走廊。大梁在楼内一端做成舌头一样的"梁舌"，从"金柱""步柱"的梁孔中穿出，"梁舌"之下有类似斗拱的托梁进行托护。方土楼的四角位置，为保持檐口的水平，斜向的"角挑"需要用"翘头挑"。屋顶坡度"放四分半水"，并凹进一定尺寸，通常"让三分水"。木构架一般采用"穿斗"与"抬梁"相结合的方式，最终形成9圈（或11圈）瓦桁的屋顶构架，瓦桁上封盖望板或桷板。

桷板即椽子，多用杉木做成。与屋顶斜坡的长度相同的长桷板称为"透桷"，可拼接的称为短桷板。桷板一般厚3cm，一头宽12cm，另一头宽13.5cm，起钉时大的一头朝下。桷板从楼的正厅屋顶或门厅屋顶起钉，先用竹钉将4块"透桷"钉在门、厅中线的两边，俗称"合桷"。其他房间也是先用4块"透桷"分别钉于屋顶内坡与外坡瓦桁的两端，能够起到较好的固定作用。其余可以用短桷板拼接。桷板的下端需要钉上"刀口"，用来挡住最下端的瓦不滑落。在歇山式屋顶瓦桁露出的一端和桷板的下口，钉上涂过油漆且宽约18cm的薄木板，称为"幕封"，俗称"博风板"，用来保护瓦桁和桷板的端口，避免日晒雨淋。圆楼的房间多为扇形，为了使门厅、后厅显得更加整齐美观，常常将门厅、后厅设计为方正布局。

圆楼的屋顶内坡与外坡屋面的曲面不同，因为内外瓦口与脊顶的周长内小外大，所以内外坡的桷板要采用不同的钉法。一般直径大的圆楼，内坡的桷板大头朝上，外坡的则小头朝上。中小型的圆楼，桷板则采用"剪桷"的钉法，即外坡钉"人"字桷，内坡钉倒"人"字桷。由于土楼屋顶木构架的方式不同，屋顶的瓦面因此会展现出多种风格，常见的有悬山顶、歇山顶两种，盖瓦则主要分为"张槽"与"覆槽"两种。所谓"张槽"，就是瓦凹面向上、小头朝下，"覆槽"则为瓦凹面向下、大头朝下。屋瓦的瓦与瓦之间至少搭压1/2。铺好屋瓦后，还要在上面用青砖压牢，防止强风掀瓦。压屋脊所用的青砖要求贴合屋瓦的一面要制成与瓦一样的纵向弧形曲面，从而能够与覆盖在屋脊上的瓦吻合紧密。许多土楼还会用石灰砂浆将屋脊和瓦口的砖瓦黏结固定，俗称"作崇"。

7. 装修

大型的土楼一般都是由族人合建的，因此土楼分为公用和私用两种功能和空间，装修时也要按照不同的要求进行处理。公共部分如大门、天井、门坪、中厅、水井、楼梯、楼内外排水沟、后坎等，要采用比较讲究和精细的工艺，比如常会增加一些装饰工艺，如雕塑、油漆、绘画、楹柱雕刻对联等。各户独立的部分主要是居住房间的内部装修，新楼的内部装修俗称"完间（建）"。装修工程主要包括三类：一是木匠师傅的木作，如安装楼门、房间外立面、楼梯、走廊栏杆、楼板及楼内各种雕刻等；二是泥水师傅的泥水活儿，如铺设底层房间地板、开挖外墙窗口、砌房间的泥砖隔墙、粉刷墙壁、做炉灶等；三是石匠师傅打造石活儿，如安装石门框、石柱、石板天井、石台阶、石雕饰等。土楼的主体（外壳）竣工后，大墙较厚的需要经过二到三年的时间才能彻底干透，墙比较薄的，也至少要经过一年的时间，土楼的内部装修必须要等土墙彻底干透后才能进行，所以一座土楼完全建好需要数年时间。

四、闽浙木拱廊桥

闽浙山区的木拱廊桥又称叠梁拱桥、贯木拱桥、编梁木桥。其主要分布在福建的屏南、寿宁、周宁，浙江的泰顺、庆元等地，技艺实践扩展至福建的福州、南平及浙江的温州、丽水等区域。据清光绪《庆元县志》记载，宋代以来闽浙营造的各式木拱廊桥有230多座，目前闽浙地区遗存的木拱桥仍旧过百，其中以明代隆庆年间的溪东桥历史最为悠久。跨度大是木拱桥的特征之一，以跨度达37.6m的杨溪头桥跨度最大，以屏南长桥镇五墩六孔全长98.2m的万安桥最长（图2-54）。木拱桥

云南景颇族住宅同为干栏式，多为长方形平面，结构形式为纵向列柱式，通常是在三列纵向的柱子上直接承檩，构成承重体系，不用横梁联系。为减少椽子的跨度，也有在列柱间添加檩条，并在中柱上加斜撑来支撑檩条。柱子直栽入地，不用柱础，住宅入口选在山面，以便出入。屋顶类似歇山式，屋脊悬出呈长脊短檐的倒梯子形，屋面坡度陡、草葺，出檐很大。檐墙虽矮，但屋内的隔墙较低且不到顶，由于景颇族席地而坐，故空间仍感觉较为开敞。

历史上西南少数民族的民居多选在 30°以上的坡地建造，在坡地上竖立木桩，使用穿斗式构架，房子开间少、进深浅、占地不多，适于山区各种不规则的复杂地形。由于穿斗式建筑节点容易处理、灵活性大，在基础难以处理的情况下，柱脚铺垫石块即可省去基础，素有"没有基础的房子"之誉。木架结构巧妙运用错层、错位、吊层、吊脚、挑层、抬基、贴岩（坎）等技艺，创造出层层叠叠、错落有致、别具一格的民居形式。

一、苗寨吊脚楼营造技艺

苗寨吊脚楼是苗族人依山而建的一种干栏式木构建筑，有全楼居和半楼居两种，或称全干栏和半干栏，当地俗称"楼房""半边楼"，因前檐柱常悬吊空中，因此得名"吊脚楼"。现存吊脚楼住宅以半边楼占大多数，尤以黔东南雷山、台江等苗族聚居地的吊脚楼最具代表性。苗寨吊脚楼营造技艺 2006 年被列入国家级非物质文化遗产名录。

1. 主要建筑特征

苗寨吊脚楼一般建造在 30°～ 70°的斜坡陡坎上，房屋一部分架空，另一部分搁置于坡崖上，也可以有石块支垫，既有楼居高敞的特点，又有地居的方便性，且可节约材料，减少工程量。具体布置方式是以中柱为界，地基在纵向上分为二台，长柱立在较低的前台，短柱立在较高的后台，正面一半为楼房，背面一半为平房，楼面比例可以随意调整变化，与地形变化相符合，也由此产生灵活多变的建筑形式（图 2-59）。吊脚楼的平面多为一字形，以三间和三间带磨角者为多，也有两间和两间带磨角的，五间的较少见。"磨角"即半个开间大小，设于端部，近似于梢间，上部屋顶接正面屋坡转至山面，因而得名。正房可以带一个磨角，也可两山均带磨角而形成较大体形，一般磨角处多为歇山屋顶。

图 2-59　贵州西江苗族村寨中的吊脚楼

吊脚楼架空结构对通风和防潮防湿有显著作用，居住层常采用退堂和凹廊的方式形成半户外空间，可以增强屋内环境的通透性，使整层通风效果更好；在楼顶上部的储藏层，由于阁楼和屋顶连通为整体，横向各构架处不设隔断，两山面多不封闭，四周墙壁半开敞或全开敞，使整个阁楼空气流通良好，在湿度较大的山区可防止粮食受潮霉变。在堂屋的中央一般设火塘间，一家人围坐火塘祛湿驱寒。苗族人对待自然的态度是和谐共处，并不把自然当作征服的对象，而是充分顺应自然，吊脚楼的建造并不改变地形地貌，注重对水体、植被的保护，村寨和房屋的营建合乎环境整体的生态规律。

2. 结构与建造技艺

苗寨吊脚楼为全木结构，多以当地盛产的杉木、椿木、柏木和紫木为主要材料，属典型的穿斗式木构架体系，也是用小材建大房的典范。构架整体性强，有较多柱枋穿插拉结，不用一钉一铆，靠木构件自身的榫卯连接而历经百年。其构造特点是用穿枋将柱子组成排架，也称排扇，以柱和瓜柱（短柱）承檩，檩上承椽，柱子直接落地，瓜柱则承于双步穿枋上，各层穿枋起拉结和承重双重作用。每列排架在纵向上由檩和枋连接，柱脚以纵横方向的地脚枋联系，共同组成房屋的整体骨架。吊脚楼的围护结构以轻质的木板进行装修，屋面采用轻质的灰瓦覆盖（图 2-60）。

图 2-60　建造中的西江苗寨吊脚楼

　　苗族工匠建造吊脚楼一般不用图纸，仅凭工具和成竹在胸的方案完成营造活动。建造流程主要分为选择吉日、择屋基、备料、发墨、拆枋凿眼、立房、立大门等。使用的工具主要为墨斗、墨线、斧头、凿子、锯子、刨子。建房过程中伴随有民族色彩浓厚的习俗，如备料、发墨、上梁等都要进行祭祀，并且有很多禁忌。

二、侗族木构建筑营造技艺

　　侗族是中国古老的民族之一，侗族人主要居住在湘、黔、桂、鄂交界地区，这些地区地形复杂，山地面积约占整个面积的 80%，属亚热带湿润气候，气候温和，盛产木材。侗族是具有营造才艺的民族，村寨中建有萨坛、戏台、民居、寨门、风雨桥、歌坪、禾仓等各种类型的木结构建筑，其中以鼓楼为中心的歌坪、戏台、萨坛为核心，村寨不管大小都要有一座或多座鼓楼，是侗寨中最有凝聚力的公共空间，民居围绕在鼓楼周围，再往外是禾仓和禾晾，然后是寨门，最后是凉亭和风雨桥。鼓楼是寨子的中心，寨里所有最重要的事情都在这里举行，因此侗族的重要事件和习俗都与鼓楼有关，比如踩歌堂、鼓楼大歌、抬官人、游寨唱侗戏等活动都是围绕着鼓楼举行的。在经济条件允许的范围内，侗族人会尽其所有把自己族系的鼓楼建造得宏伟壮丽（图 2-61）。

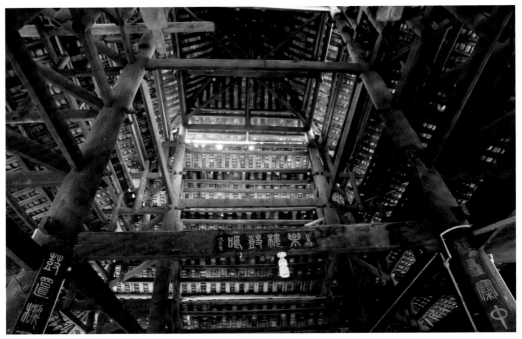

图 2-61　广西三江程阳村鼓楼的梁架结构

1. 结构与技艺特征

侗族木构建筑总体上属于穿斗式建筑体系，是干栏式建筑的变体。一般民居采用吊脚楼形式，鼓楼和风雨桥的形制较为特殊，建造工艺较为复杂，集中反映了侗族营造技艺的精华。

鼓楼平面多为四边、六边、八边形，底层敞空，层数多为 3 ～ 13 层单数，广西的三江鼓楼有 27 层飞檐，高达 42.6m。鼓楼在造型上分为密檐式、巢式、干栏式、楼阁式、门阙式、厅堂式等多种形式。鼓楼在穿斗结构基础上结合了抬梁与井干结构的做法，支撑柱以四柱、六柱、八柱的居多，使用柱、枋、板、瓜等构件纵横穿插。四柱鼓楼的做法较为典型，其特点是以四根大立柱为主要支撑，四柱上端和中

三角形几何图案，并施加重彩，异常华丽（图2-66）。藏式建筑的屋顶采用平顶做法，周边设有女儿墙。宫殿和寺院常有在平顶上架设"金顶"的做法，结构多仿照汉式建筑，外层覆铜质镏金屋面，配合以各种镏金饰物，如宝塔、倒钟、宝轮、金盘、金鹿、复莲、金经幡、套兽等，在阳光照射下，熠熠夺目（图2-67）。

图 2-64　西藏拉萨布达拉宫

图 2-65　藏羌建筑中的砌筑工艺

图 2-66　藏式建筑的梯形黑色窗套

图 2-67　藏式建筑屋顶的金属装饰

　　室内层高一般较低，因开窗少且小而光线较暗，柱网较密集，柱子成为内部装饰重点，断面以方、亚字型、圆最常见，柱下不设柱础，柱身有明显收分，常饰有雕镂或彩画，造型粗壮稳重。柱顶加设替木和托梁，以减少木梁的跨度，同时也是装饰的重点部位。藏族建筑喜用彩绘，尤其喜爱朱红、深红、金黄、橘黄等暖色，衬托以青、绿色纹样。额枋、柱头、柱身、雀替、椽头、椽枋和门窗楣及室内顶棚线脚等木构件也都施以彩绘，凡是凸出的部位用阳色，即红、黄、蓝等纯原色，凡凹下部位用各种调和色、复合色等阴色（图 2-68）。

图 2-68 藏族碉房中的主室大多布置佛龛供奉佛像

藏族碉房是藏式建筑中最具代表性的类型,汉以来多有文献记载碉房的样式,现今在西藏、四川等藏族居住区仍遗留有不少的古碉房,说明藏族碉房建造技术有着悠久的历史。碉在藏语中称"卡尔",意思是堡垒、碉堡。清《西藏志》记载:"房皆平顶,砌石为之,上覆以土石,名曰碉房。有二、三层至六、七层者。凡稍大房屋,中堂必雕刻彩画,装饰堂外,壁上必绘一寿星图像。凡乡居之民,多傍山坡而住。"[①]除西藏自治区外,碉房还流行于青海、四川、云南、甘肃等省,境外远至不丹、尼泊尔等有藏族居住生活的国家。高层碉楼是碉房中体量最大、形制最古老的类型,通常是作为防御的军事建筑。2008 年,藏族碉楼营造技艺被列入第二批国家级非物质文化遗产名录。

1. 砌筑工艺

藏族碉房建筑有三角、四角、五角、六角、八角、十一角、十三角等多种造型,其中四角碉最为常见。在墙体砌筑中,采用收分做法,一方面可以降低建筑物的重心,另一方面可以大大减轻建筑物的自重。在六角以上的高碉内部通常采用圆形筒体技术,以便最大限度地保证高碉的筒体力学性能。

墙体砌筑是建造藏族碉房的核心技艺,通常做法是使用天然石料和泥土进行人工砌筑。首先掘取表土至坚硬的深土层,基础平整后便开始放线砌筑基础,基础

---

① 《西藏研究》编辑部. 西藏志卫藏通志 [M]. 拉萨:西藏人民出版社,1982.

一般采用"筏式"基础砌法,即整个基础遍铺石块,然后添加黏土和小石块,使基础形成一个整体,以避免地基的不均匀沉陷和增大地基的承载力。在砌筑过程中,要注意墙体外平面的平整度和内外石块的错位,忌上下左右石块之间对缝。细微空隙处,用黏土和小石块填充,做到满泥满衔。修建高碉时,砌筑工匠仅依内架砌反手墙,凭经验逐级收分。砌筑所使用的工具比较简单,主要是一把一头为圆、另一头似锲的铁锤,再加一对用牛扇骨或木板制作的撮泥板。

藏式建筑营造技艺中有一套成熟的标准和做法,模数是其中重要的内容,以"穹都"(手掌一卡长加上一个大拇指的距离)为基本模数单位,采用人体的手指、手掌、肘、膝作为不同的度量单位。建筑的平面布局、柱距、进深、面阔、层高等都是参照穹都等尺寸单位进行设计和安排的,以此规定了建筑内在的规制和等级,也形成了藏式建筑内在的和谐。

2. 阿嘎土

藏式传统建筑大量使用本地的矿土材料,例如砌筑用的黄土、内墙抹面的阿嘎土、地面(屋顶)夯打用的阿嘎土。这些材料皆属就地取材、因地制宜,既充分利用了本地区特有自然资源,又满足了建筑实际功能的需要。

阿嘎土为藏语名称,指高原温带半干旱灌丛草原植被下形成的半土半石的土壤,主要分布于西藏雅鲁藏布江中游谷地。阿嘎土质地较轻,呈棕灰或灰棕色,弱粒状结构,黏性强,材料本身的硅与钙质成分构成了骨料与黏结材料合理组合,在漫长的建筑实践中藏人发现了这一科学规律,积累了从材料的挖掘、加工到打制、保养的经验。首先是将开采的阿嘎土块捣成不等的颗粒,按从粗到细的顺序边浇水边进行夯打,直至表面平整与光洁。打制完成后涂抹天然胶类及油脂增加表层的抗水性能。在日常保养时,经常使用羊羔皮蘸酥油进行擦拭,使夯制的表面光洁如初。用阿嘎土夯制出来的屋、楼、地面,既美观又光洁,是藏式建筑屋顶和地面普遍采用的传统材料,具有浓郁的民族特色,也成为显示地位尊贵的一种等级象征。但阿嘎土的抗水性能较差,其内部的黏性材料容易被雨水冲刷,在日晒雨淋下变得越来越粗糙,致使雨后的屋面普遍漏水,漏水后再打阿嘎土,屋顶会越来越沉导致房屋变形,这也成为藏式建筑的一项弱点。

打"阿嘎"用于藏式传统建筑的历史久远,并一直沿用到今天,成为藏族文化的一项符号和娱乐活动,在打制过程中,人们分成两队,伴着节奏明快的歌声和手的舞动进行,形成了情绪高昂、生动活泼的劳动场景(图2-69)。

图 2-69　藏民在夯筑阿嘎土屋面

3. 边玛墙

讲究的藏式建筑常在檐口镶嵌一圈压实的紫棕色树枝作为装饰，称为"边玛墙"，配合屋顶四角高翘的"嘛尼堆"或经幡、玛尼干等，成为藏式建筑的典型特征。

边玛墙的具体做法是：将柽柳枝剥皮晒干，用细牛皮绳捆扎成杯口粗、尺余长的柳束，柳束间用木签穿插后连成大捆，然后将整齐的截面朝外堆砌在墙体的外侧，并用木槌敲打平整，压紧密实。柽柳占墙体厚度约 2/3，墙体的内壁仍砌筑石块。因为柽柳的截面一端相对较粗，梢端略细，需要用碎石和黏土填充柽柳和石块之间的空隙，最后用红土、牛胶、树胶等熬制的粉浆将柳条涂成赭红色。等级较高的建筑在边玛墙安有装饰性的镏金构件，直接固定在预埋于檐口中的木桩上。在边玛檐墙上下部位都铺有装饰木条和出挑的小檐头，木条上有垂直的杆件，杆件上留有洞，用木条插在柳枝中加固。椽头上放置薄石片，略挑出，其上覆以阿嘎土层作保护层（图 2-70）。

图 2-70　藏式建筑檐部的边玛墙

五、藏族传统帐篷编制技艺

西藏、青海等藏区的牧民把以牦牛皮为主要材料搭建的帐篷作为活动性住所，藏语称"巴"。牛毛帐篷具有抗风防雨、保暖御寒等多种功能，冬暖夏凉，经久耐用，适合当地的气候温差。西藏那曲市、青海天峻县新源镇是牛毛帐篷编制技艺传承保护的代表地区，当地乡村还有大量村民从事手工帐篷制作。2021年西藏那曲市的巴青牛毛帐篷编制技艺和青海藏族黑牛毛帐篷制作技艺被列入国家级非物质文化遗产代表作项目名录。

黑牛毛帐篷历史悠久，据敦煌石窟藏卷古藏文文献记载，早在公元3世纪中叶，藏民便将牦牛毛捻成线编制毛单子，做成遮风挡雨的简易房舍。藏族的先祖宕昌羌人曾"织牛毛及羊毛覆之"，党项羌人亦"织牛尾及山羊毛尾屋"，这是帐篷的雏形。天神之子聂赤赞普在成为"六牦牛部的首领"后被尊为悉补野赞普，他倡导牧民用牛毛制作屋宇，起初只是编织粗糙的毛席，制作简易的帐穹，以后逐渐演变成为完备的帐篷居所。如今藏民们除将古代羌人用山羊和牛毛混合织帐改变为纯牛毛织制外，帐篷的搭建仍然沿袭着数千年来的传统做法（图2-71）。

图 2-71　藏族牧民的牛毛帐篷

黑牛毛帐篷的制作和搭建技艺简单易行：

（1）围合材料使用生长在高原地区的牦牛毛为原料，牦牛毛柔韧又富有很强的弹性，牛毛帐篷取材于牛毛和牦牛绒，制作过程主要包括选毛、撕毛、捻线、编织单子、缝制帐篷和搭建帐篷等。先用牛毛编织成长条褐单子，然后依次将褐单子缝制成整体的帐篷。一般帐篷顶部用褐单子 12 条，帐篷前后用褐单子 16 条，其中 2 条褐单子作为垂边。

（2）帐篷的内部采用木杆支撑，结构简单合理。帐篷顶部屋脊处有檩条式横杆梁一条，横杆两端用 2 根长杆撑起，作为帐柱，帐柱与横杆梁交接处用牛的脊柱骨关节支撑，横杆上纵搭帐篷连绳 5 根。当所有杆子撑起帐篷时，用绳子从四面扯紧固定，帐篷就算搭建完成。

（3）帐篷内外的绳结手法比较复杂，外围共有 9 条长牵引绳、9 根帐篷提绳杆子、大小木橛子 30 个、大小木制卡扣 16 枚、"V"字形牵引绳 6 条。在帐篷内部，用于固定帐篷顶部及前后左右上下的"面绳"8 条，长度约 3.6m；帐篷的 4 个角，用 1.6m 长的面绳共 4 条；帐篷顶部有"面绳"4 根，各长约 2m；帐篷背面内衬"面绳"左右各 1 根，每根长约 4m；帐篷前后左右垂地边幕固定"面绳"一根，长 4.8 ~ 6m。

（4）帐篷屋脊部留有天窗，长约 2m，宽约 60cm，作为出烟通风之用。

（5）帐篷前面设有帐门，门两边装饰有黑白相间的门幕，藏语称作"郭尤"。

帐篷的跨度 6 ~ 7m，外形似一颗宝印，上小下大，贴近地面。制作搭建容易，拆卸搬运方便，牧民用几条毛单子和几根木杆子就能建起一个帐篷，用两头牦牛就能驮运全部家当。帐篷搬迁后，草原植被如旧，对于周围环境没有任何污染和破坏，既安全又环保。

六、羌族碉楼营造技艺

羌族是中国西部的一个古老的民族，主要分布在四川省阿坝藏族羌族自治州的茂县、汶川、理县、松潘、黑水等县以及绵阳市的北川羌族自治县，其中茂县现为中国最大的羌民族聚居县，羌族人口达 9 万余人，其居住建筑主要为碉楼，现存的羌族碉楼主要分布在沙坝、赤不苏、较长、凤仪、南新片区的 20 多个乡镇。碉楼所使用的传统建造技术以石材砌筑为主，也有少量的土碉采用黄土夯筑技术建造。羌族碉楼集住房、防御、储藏、传递信息等功能于一体，有四角、五角、六角、八角、十角、十二角等形制，建造方式有片石、黏土、石黏混合等。碉楼的形体呈上窄下宽的规则几何形，造型稳定、结构坚固，能抵御风灾、地震等自然灾害。每层分布有若干外窄内宽"日""十"字形射孔，具有采光、通风、观察、射击、防御等多种功能。具有代表性的有理县桃坪乡羌寨碉楼、茂县黑虎乡鹰嘴河寨碉楼、汶川县布瓦羌寨黄泥碉（2006 年被列入全国重点文物保护单位），被誉为"东方古堡"（图 2-72）。

图 2-72　羌族多边形石碉楼

从建筑用材、结构和技艺特点上看，羌碉可分为三种类型：第一类为石砌羌碉，砌筑技艺非常讲究，石块平整面朝上和朝外，左右石料相互契合，缝隙间用小石块楔紧，再用黏土黏合，找平后再放置第二层石料。处于棱角位置的石料多选用石质上乘且呈规整几何状的中小石块，使建筑砌体棱角分明、结构紧凑、墙体平整。在砌筑过程中运用了许多建筑力学原理，诸如三角形稳定原理、图形内结构原理、力的分散原理、黄金分割原理等。第二类是黏土羌碉，选用湿度适中的优质黏土，需充分搅和后再夯实成墙体。在土质不好又缺少石料的地区，修建黏土羌碉时要在黏土中添加一定比例的青稞秸秆碎段或牛羊毛及盐等添加物，以提高其黏合强度，增强建筑物抵御地震等自然灾害的能力。黏土羌碉的建造周期较长，需分层夯筑，要待基础夯土墙及每一层夯土墙干透定型后，才能进行上一层的施工（图 2-73）。第三类是石土混合羌碉，这种羌碉的底层多为 1.2 ～ 2m 高的石砌结构，主要起防水、抗撞击、承载上部建筑物的作用，其上用黏土夯制而成。石土混合羌碉多分布在石料资源匮乏的村寨。

图 2-73　四川汶川的黄土碉楼

羌族碉楼大多依山取势而建，碉楼建筑与自然环境和其他建筑融为一体。无论是石碉还是黏土夯筑的碉楼，都有一个共同点，即在整个建造过程中不绘图、不吊线、不用柱架支撑，全凭工匠的经验目测心绘，形成了羌族碉楼独特的建造技术。工匠们根据石材大小、形状、位置、取向、稳定性等来确定每块石材的使用，砌筑过程中要经过选料、加工、对角、合面、砌合、楔石、黏合、敲压、找平等多道工序来保证工程的质量。

七、彝族传统建筑营造技艺

彝族主要分布于四川、云南、贵州、广西等地，以四川西南部的凉山州最为集中，州内高山、深谷、平原、盆地、丘陵相互交错，地貌复杂多样，不仅构成了特殊的地貌景观，也形成了中国罕见的亚热带干热河谷稀树草原景观。这种多元性地貌优势，决定了自然生态环境的多样性。森林覆盖面广，植物资源丰富，为彝族传统民居建筑提供了材料保证。由于特殊的自然地理、历史文化等因素，凉山州的彝族传统建筑及建造技艺均得以完整地保留下来。2021年彝族传统建筑营造技艺被列入国家级非物质文化遗产代表性项目名录。

据云南彝文典籍《笃姆躲雨志》记载："天生石溶洞，红壤石林带，阿谱笃姆屋，阿童溶洞里，坐位闪红光，站位绿茵茵。"[①] 彝族史诗《查姆》记载，彝族先民曾"老林作房屋，岩洞常居身；石头随身带，木棒拿手中；树叶作衣裳，乱草当被盖"[②]。说明彝族先民经历了洞穴、树居的时期。至元明时期，在彝区曾经流行用树皮做屋顶的建筑："松皮覆屋，境内夷罗罗杂处，屋无陶瓦，惟以松皮盖之。"[③] 随着社会生产力水平不断提高，出现农业和畜牧业分工，彝族先民逐步从游牧居转为定居，建筑形式也由简易、易搬迁的牧棚居发展成为相对固定的茅草房、闪片房、土掌房、瓦板房。在云南晋宁石寨山铜器中的房屋模型考古表明，当时的建筑为底层架空、梁柱承重的干栏式建筑，壁体为原木叠置的井干式结构。唐代以后中国木构建筑步向成熟，全木榫卯结构开始兴起。明清以后，随着土司制度在彝区推行和铁制工具的大量使用，以及汉彝文化的交流，彝族传统的井干式结构住房逐步消失，以穿斗式为代表的榫卯结构石板房、木板房建筑逐渐在彝区流行。

彝族穿斗式建筑是在"井干式"基础上，吸收了抬梁、穿斗等结构方式而形成的一种框架体系，是一种结合了"井干式"壁体和"干栏式"构造的穿斗式结构。屋面为"人字形"斜坡瓦顶，墙壁多用土墙或砖砌筑。

营造过程均使用传统材料和传统工具，工匠凭借经验用传统技艺进行建造，主要工序为选料、制作、组装、雕刻与彩绘。

（1）选料：选择冷云杉、白杨、松树等耐久性、纹样、色泽、光洁度、韧性上乘的树木。

（2）加工：用锯、刨、钻、凿等工具对材料进行加工，主要有锯形、刨平、凿孔、制形、雕刻、彩绘。

（3）组装：将加工好的柱、板、斗拱、窗格、床、门按照规则进行组装。构件结合采用榫卯方式，不用一根钉子，也不用任何黏合剂。室内屋架分上下两层，

① 引自花腰民间彝文书《笃姆躲雨志》，书名汉译为《洪水与笃慕》，清道光二十六年抄本。
② 郭思九，陶学良.查姆[M].昆明：云南人民出版社，2009.
③ 陈文.景泰云南图经志书：卷二[M]//李春龙，刘景毛.景泰云南图经志书校注.昆明：云南民族出版社，2002.

楼上屋架穿枋用三、五、七、九、十一层单数。

（4）雕刻与彩绘：楼下以板或窗装饰。楼下分主位、客位、活动区、杂物区，以柱与板壁镶嵌的方式构筑。屋檐、板壁、门楣、斗拱、窗户等是建筑装饰的重点部位，装饰图案多为山河日月、花草虫鸟等，也有波纹、回环纹等抽象符号。屋檐下以斗拱为主要装饰手段，多饰水牛角形，上雕马牙纹。房架和窗格多用红、黄、黑彩绘进行装饰，表现出强烈的民族性、艺术性、实用性（图2-74）。

图 2-74　四川彝族民居内景

彝族传统社会有严格的分层制度，历史上分兹、莫、毕、格、卓五个阶层，各司其职。其中：兹是最高统治者，司管理之责；莫为臣，司调解纠纷之责；毕为祭司，行祭祀、占卜、禳解之责；格为匠，专司匠人之责；卓为贫民，行耕牧之责。随着社会生产力的发展和分工的细化，人们对房屋功能和质量的要求越来越高，房屋建造也逐步由最初的村民集体建造方式转化为由具有建造技能的工匠群体担任。在彝族地区，营造技艺一般都以家族或师徒相授的形式传承。徒弟需要跟师傅学艺数年，在掌握了相应技能并得到师傅认可后，才能独立执业。觉洛乡木坡洛村的著名工匠家族阿西家族已经传承了15代，从祖上阿西氏到今天的代表性传承人阿西拉坡已400多年，谱系为：阿西—吉比—吉尼—阿史—伟惹—哈体—吉古—约惹—克比—尔里—比主—尔俄—合尔—达古—拉坡—约布—约且。如今以阿西家族为骨干形成了一个 50 余人的行业家族群体，活跃于大小凉山各地。

第五节　西北地区营造技艺

中国的西北地区行政区划包括陕、甘、宁、青、新五省区，地域辽阔，属大陆性干旱半干旱气候和高寒气候，风沙大，干旱少雨，冬寒夏暑，昼夜温差大。建筑多结合地域特点使用地方材料，采用土木结构、木石结构，坚固厚重，避风御寒，隔热祛暑。由于地理条件的多样及民族不同，西北地区的建筑及其建造技艺也有较大差异，如关中地区的建筑因历史上与中原地区的密切关系而在风格上与晋、豫等北方建筑有相互影响，同时又因与甘肃、宁夏在地域上相接，营造技艺则互有借鉴。而新疆和青海地区的建筑则更多地继承了维吾尔族和藏族的建筑传统，体现了鲜明的民族风格和地域风格。

一、关中传统民居营造技艺

关中，又称关中平原或渭河平原，东起潼关、西至宝鸡、南眺秦岭、北依陕北高原，平均海拔 520m，有"八百里秦川""天府之国"之说。该地区气候为温带半干旱或半湿润大陆性季风气候，四季分明，夏季炎热多雨，冬季寒冷少雨雪。渭河东西横贯，流域内生态环境优美，有优质的木材、石料和黄土等资源，培育了传统民居营造技艺生存发展的土壤。

关中是中华民族远古文化的摇篮，早在六千年前，先民们就已经在这里开始了建造活动。半坡、姜寨遗址和周原遗址生动地反映了先民们运用各种工具进行筑屋营造活动。《诗经》中记载："周原膴膴，堇荼如饴。爰始爰谋，爰契我龟，曰止曰时，筑室于兹。"[1] 秦汉、隋唐及至明清各代都曾在此建造过恢宏的城市及建筑。关中传统民居建筑布局紧凑，根据地形地貌、气候环境以及实地格局，有一口印、二合院、三合院、四合院等多种格局，有独院式、纵向多进式、横向联院式和纵横交错式等形式（图 2-75）。受气候环境和自然因素的影响，关中中部平原区域的西安、渭南、咸阳、韩城以木构建筑为主，关中南部到秦岭浅山地区以砖瓦建筑为主，北部黄土台塬地区以窑洞民居为主。其中以西安、渭南和韩城等地的民居最具代表性，其营造技艺影响到甘肃等邻近省份。关中的传统民居平面布局为传统四合院式，

---

① 周振甫.诗经译注 [M].北京：中华书局，2013.

庭院中轴线上由前向后依次为门房、厦房、庭院、正房和后院，庭院两侧用单坡顶厢房组成三合院、四合院，俗称"房子半边盖"。关中传统民居受环境气候以及传统耕织观念的影响，表现出独特的"深宅、窄院、封闭"的特点，宅院空间通过组合变化较为丰富。院内建筑巧用檐廊、透花窗格等，既能满足生活的需要，又能创造不同的情趣，也体现了尊卑等级礼俗观念。

图 2-75　陕西关中民居

在建造过程中，关中建筑的选址和布局中讲究风水、方位、阴阳和合，强调就地取材、因地制宜。结构形式采用砖木结构或土木结构，木梁架规矩严整，构件结合采用榫卯交接。如用土墙围合，施工中需先打土墙后再立木，立木时在柱子的相应位置掏槽、埋柱，再在上面架梁，所以抗震性能好，民谚所谓"墙倒屋不塌，大人抱娃娃"。由于土坯墙防寒保暖，且取材方便、造价低廉，尤为民间所选用。影壁、屋角是重点要进行装饰的部位，通常装饰有吉祥寓意的砖雕、木雕，表达安居、避邪、祥和的祈愿（图 2-76）。在施工过程中常伴随着营造习俗、礼仪、禁忌活动，如动土、上梁、合脊和安门等，要择良辰吉日举行祭祀，反映了当地的营造文化和民间信仰。

图 2-76　陕西关中民居中的砖雕

二、窑洞

　　窑洞在中国西北地区的陕西、甘肃等黄土高原以及河南、山西黄土平原地区都有分布。窑洞不占用耕地，建造成本低廉，具有防风、隔声、隔热、保温的特点，被民间称为"神仙洞"。凡住人的窑洞都是炕、锅灶、烟洞相连，可以用烧灶时的余热取暖，节省燃料。窑洞设有一门一窗或一门数窗，用于通风透光，也能封闭起来进行保暖。

　　陕北地区北起毛乌苏沙漠、南至金锁关、东起黄河、西至宁夏平原，地貌以黄土梁状丘陵沟壑区为主，黄土高原海拔 800 ～ 1800m。甘肃省庆阳市位于甘肃省东部，属于陇东黄土高塬地貌，形成于距今 120 万年的地质年代第四纪早更新世晚期。黄土塬的底层为午城黄土、中层为老黄土、上层为马兰黄土，黄土层厚度为 50 ～ 100m，最厚处达 200m，土质密实，极适宜于挖洞建窑。上述地区除地质条件外，在气候方面也有一些共同特征，如春季干旱多风、夏秋温凉多雨、四季冷暖干湿分明、夏短冬长等，属典型的温带大陆性半干旱季风气候，以上自然环境形成了西北窑洞生土建筑的建造背景。

　　按建筑选址与布局方式，西北窑洞民居主要有靠崖窑、箍窑、下沉式窑洞或地下天井窑三种类型。如果按用途细分，还有很多种其他窑洞类型，如为了防盗，有正窑上面再打个小窑，名曰高窑；在窑内一侧再打个能藏东西的小窑取名叫拐窑；若因窑小，在窑口盘炕的地方再掘一小窑，叫作炕窑；为了躲避战乱，在村庄附近另挖一个地下长洞，叫地窖子。窑洞本身因用途不同，名称也有所不同，如客屋窑、厨窑、羊窑、牛窑、柴草窑、粮窑、井窑、磨窑、车窑等，可以满足各种日常生活的需要。

1. 靠崖窑

靠崖窑又叫靠山窑、明庄窑、崖庄窑，是利用山脚、沟边直立的黄土断崖挖掘的窑洞（图2-77）。这种窑居可根据生活需要和地形条件挖成单孔、双孔或多孔形式，还可在窑前两侧加建地面建筑，围砌院墙，形成别具一格的院落，有一院3窑和5窑的，也有5孔窑洞以上的，如庆阳市温泉乡王家湾农作物原种场有一个大窑洞，原来是学校的会议室，有7间礼堂大小。如果遇到崖面不够高，就得再向下挖几米，然后再挖窑，这样往往会形成三面高、一面低的情况，这样的院子被人们称为半明半暗院，或半明半暗庄。

图 2-77 河北井陉的靠山窑

庆阳市温泉乡红岭子村村民王治国家保留着一处典型的靠崖窑，是20世纪60年代修的一处明庄院。崖壁上一溜排开有5孔窑洞，坐北向南，两侧又各有1孔，围合成一个院子，窑口高3m、宽3m、深9m。院子中的窑洞分别为客窑、厨窑、畜圈窑、粮窑、柴窑等，进院的大门通过一个长洞通向塬顶，这种窑院形式在河北、山西、陕西等省也都存在。靠崖窑建造起来省工省料，一般农户都能修得起，住起来冬暖夏凉、四季舒适，民间有顺口溜相传："远来君子到此庄，莫笑土窑无厦房，虽然不是神仙地，可爱冬暖夏又凉。"

挖掘窑洞要涉及土工、泥工、瓦工、木工等工种，旧时还有风水先生参与选址看地。建造中由业主自己来组织人员实施，工匠来自当地民间，不需要借助外来技工，所有材料（除少量使用的砖瓦外）和工具都依靠本地出产，被人们称为"没有建筑师的建筑"。建造窑洞的建造工序严格：首先是粗挖窑洞，粗挖就是在垂直的黄土崖面上先大概掏个洞，要比实际设计的尺寸每边略小 10～20cm，以备遇到特殊情况时能够修整。按窑洞顶部（从外面看就是窑脸）起券的特点，窑洞可以分为尖券窑（又称为双圆心券）、圆券窑两种。不同地区流行不同券形，如三门峡地区以尖券窑为主，洛阳、晋南等地区以圆券窑为主。粗挖出了相当于正房的上主窑后，要停工一段时间（至少一个月），再挖旁边下一个窑洞，民间俗称"隔窑"，这样做一方面是为了散去土壤中的水分，另一方面也腾出一定的时间让土壤内部的应力进行重新分配和调整，防止出现裂缝和坍塌。窑洞内的高度应前高后低，一般落差 15cm 左右，目的是利于排烟（烟由低处向高处走）。窑腿宽度（两个窑洞之间的距离，即窑壁，相当于支撑窑顶的腿）一般为 1.5～1.8m，太薄会影响窑壁的支撑强度。在地坑院中遇到转角的地方，转角窑的高宽和其他窑一样。整孔窑洞全部挖好需要一个月左右，一所地坑院的窑洞完全建成则需要一年以上的时间。

窑洞毛坯成型后的工序是刷窑，通常要请有经验的土工用四爪耙来精修窑洞的尺寸和刷洗表面，使尺寸精确、表面平实。这时候依然要按照粗挖窑洞的顺序，逐一刷剔各个窑洞。有的窑洞上部的崖壁比下部的崖面退后约 50cm，使窑洞外的崖壁有一定的斜度（非垂直面），这样可以保证崖壁稳定。如果是挖水井窑，要在窑洞挖好后，马上在窑壁上剔凿神龛，供奉土地爷，这样才吉利。

接下来是掏挖气孔和烟囱等细活，主要有以下 9 个步骤：①掏挖气孔。刷窑完工后，在窑洞的后部，用一个有长长木杆的铲子从窑洞内部向上掏挖一个直径 10cm 左右的气孔，直通崖顶，改善窑内通风，也有利于排除潮气。②掏挖烟囱。烟囱的位置一般在崖顶挡马墙正中的位置，往下直通到窑腿内。利用挡马墙作为上部的防水构造，既省料又美观。③砌砖，包括砌筑窑脸、肩墙、檐口、挡马墙及散水。讲究的窑洞要在窑口外侧砌上青砖拱券，像人的脸面一样显得干净漂亮；在两个窑口之间的窑腿表面也要砌上 1m 左右的青砖墙裙，起到保护窑腿的作用；在窑洞洞顶位置用砖和瓦挑出屋檐，可以防止雨水直接冲刷窑面；挡马墙是砖砌的矮墙，起栏杆的作用，防止牲畜从上面掉到下面，也防止小孩子淘气滑落摔伤；散水是用砖铺在墙根，向外有一定坡度，窑顶落下的雨水滴到砖面上不会砸坏下面的黄土，同时把雨水排到水沟里，再流到渗井中。④清理窑顶地面的杂草，加固窑顶；修建窑顶的排水坡和排水沟。⑤安装窑口的门框、窗框，砌筑窑内的隔墙。⑥粉刷墙壁，是指在窑面上用白灰或麦秸泥涂抹一层，有保护窑面不受雨淋和增加美观的作用。⑦处理地面，一般是用黄土或三合土夯实地面，然后铺砌地面青砖。⑧完成附属装修装饰工程，包括砌炕、砌灶，制作、安装门窗，油漆、装饰，安装门窗的五金构件。⑨完成窑前和院子的绿化，通常是在窑前的院子里种树或其他植物，美化环境。

2. 箍窑

箍窑也称锢窑，亦称为独立式窑洞，又叫"四明头窑"。箍窑不是在黄土层上挖出来的，而是在平地上建造的，一般是用土坯和掺上麦草的黄泥浆砌成基墙，墙顶再砌筑拱券做成窑顶，窑顶上填土做成平面屋顶，用麦草泥浆抹光，前后压短椽桃檐，有钱的人家还做成双坡面屋顶，上面盖上青瓦，远看像房，近看是窑。讲究一些的箍窑完全用砖或石头砌筑，再在上面覆土。"四明头"是指前、后、左、右四头（即四面）都不利用自然土体而用人工砌造。由于地区的差异，箍窑有很多不同风格及建造方法（图2-78）。

图 2-78 山西碛口的砖砌箍窑

箍窑多建在山脚下或山坡较缓的平地上，有的地方利用下层窑洞的屋顶作为上层窑洞的前院，形成层层叠落的景象，一孔孔曲线型的窑洞与层层叠落的断崖形成了明暗对比和虚实对比，在广袤的黄土高原衬托下，显得既质朴无华又雄浑厚重。陕西米脂县姜耀祖庄园是以箍窑为主的多种窑洞形式结合的窑洞院落，始建于清朝同治年间（公元 1862—1874 年），于清朝光绪十二年（公元 1886 年）建成，历时16 年。整个庄园占地 40 余亩，由上、中、下三排窑洞院落组成，外围筑有 18m 高的城堡，东北角设有角楼，墙垣上设有碉堡，南侧为拱形的堡门和曲折的隧道。庄园内的窑洞建筑因借地形变化，起伏跌宕，与自然环境融为一体，十分壮观，大到窑洞窑体砌筑，小到木、砖、石雕，每项工作都是精益求精（图 2-79）。被誉为中国"西部窑洞建筑的典范""有机结合的窑洞庄园"。

图 2-79 陕西姜耀祖庄园

3. 下沉式窑洞

或叫地下天井窑，大都采取下沉四合院的形式，一户一院（图 2-80）。建造工艺包括以下方面：

（1）相地：根据地形地貌、场地条件，风水师用罗盘确定宅向和宅型（东震宅、西兑宅、南离宅、北坎宅），地势要"后靠前蹬""坐空朝满"。

（2）方院：用罗盘磁针结合磁偏角、风水避煞偏角定向，用线绳放线，土工尺度量，条盘定直角，木桩定位。

的盐池县、同心县、固原市、中卫市等地区，为西北边境九个军事重镇之一，城内主要建筑有三边总制府、总兵府、兵备道府、州府、城隍庙、东岳庙等，为固原历代传统建筑之典范。中华人民共和国成立后曾设立西海固回族自治区，固原为行政公署及固原县的治所。2001年国务院改设公署为固原市，原固原县改为市属原州区。固原自古是一个多民族杂居地区，当地建筑在继承中国传统建筑技艺的基础上，在局部装饰、装修细节、色彩处理等方面融合固原当地及其他民族传统建筑艺术特色，成为多民族文化交汇融合的典型见证。当地至今仍保留着大量的生土、土木建筑遗址，如战国秦长城、固原城址、黄铎堡城址、头营古堡寨址、萧关、城隍庙、财神楼等。2021年固原传统建筑营造技艺被列入国家级非物质文化遗产代表性项目名录。

固原属于典型的大陆性气候，该地区冬季寒冷、干旱少雨、日照充足、多西北风、昼日温差大，自然地理状况为传统建筑营造技艺提供了自然条件。民居多采用三合院、四合院布局，并以夯土高墙围合，以应对当地风大沙多等恶劣气候。院落内部种植果树花草、养殖牲畜，创造出舒适的生活空间。院内主房为双坡顶安架房，坐北朝南。偏房为单坡顶起厦房，位于东、西两侧。木构架用材小，房屋出檐短，但屋角起翘高，建筑外观呈现出质朴厚重的特征。建筑墙下砌3～5层碱砖，以上用胡墼（土坯）砌墙，黄土中加入粗麦草和成草泥砌筑，用细麦草、麦薏抹面，利于保温防寒。前砖码头（墀头），后砖挑檐，屋面铺青瓦，屋脊不设吻兽，做砖脊或砖瓦组合脊。院墙一般用夯土，门楼用砖砌筑，或"穿靴戴帽"（下用碱砖，中用土坯，上用砖墀头组合砌法）。装饰方面以砖雕、木雕为主，门楣门头多镶嵌吉祥词语及对联。建筑外观总体上呈现出质朴厚重又简约平实的特点（图2-83）。

建造流程包括选址、动土、

图 2-83　固原镶嵌在墙壁上的砖雕漏窗

打胡墼、砌墙、立木、铺瓦、抹泥等，由大木匠领衔，集木、土、砖、瓦匠等工种于一体。建筑选址巧妙利用地形、植被、山体等自然环境。建筑材料因地制宜、就地取材、循环利用，具有保护植被、经济省工的特点。营造技艺以师徒之间言传身教、口传心授的方式世代相传。传承脉络可追溯到清光绪年间，至今已历经五代120多年，涌现出了一批杰出的代表性传承人。

固原砖雕是民间建筑营造技艺的主要部分，2014年被列入传统美术类国家级非物质文化遗产代表性项目名录。固原砖雕用于伊斯兰教的拱北和清真寺、庙观及普通民居的屋脊装饰。雕刻手法分为"捏活"和"刻活"两种。"捏活"是先用配制加工好的泥巴，以手和模具制成龙、凤、狮、鸟、花等图案的坯子，然后入窑焙烧成成品，用麦秸柴草烧制，不裂缝、不变形、不受气候影响，经久耐用，色泽古朴。"刻活"就是在已烧成的青砖上，用刀、凿等工具雕刻出各种单幅图案，再拼凑成各种画幅。造型简朴精细，线条粗犷流畅。题材主要为阿拉伯纹样、几何纹样、文字纹样、编结纹样、回云纹样等吉祥图案，富有民族特色。主要制作工序包括选土、过筛、和泥、制坯、烧制、打磨、雕刻等。

五、撒拉族篱笆楼编造技艺

篱笆楼编造技艺是青海省撒拉族的一种传统民居建造技术。民居的主要特征是以树条编制成的篱笆墙作为楼房墙体，故以得名篱笆楼，现在主要分布在循化撒拉族自治县的孟达乡孟达村、旱平村、塔撒坡村、木厂等村和甘肃省积石山县的大河家关门村一带，其中以孟达村的篱笆楼最为知名。该村位于黄土高原西端向青藏高原过渡的边缘地带，气候温暖、四季分明，人称"塞外江南"。2008年撒拉族篱笆楼营造技艺被列入国家级非物质文化遗产名录。

篱笆楼民居的平面布局有横字形、拐角形、三合院式等形式。合院式篱笆楼由院门、主楼、附属平房组建而成，门开在东南角，主楼坐北朝南，开间有三间、五间、七间不等，进深两间，上、下两层，均可带前廊。上层布置卧室、客厅，下层布置畜栏和存放杂物。楼梯设在室外，用斜置的木板制作而成，也可用石头砌筑。屋架采用穿斗式梁架，底层墙体用石砌或夯土，也可采用石砌与篱笆混做，在房子上层的侧、背面用木条或荆条编制，称篱笆墙，篱笆墙负荷轻且不易拆裂，同时利于防潮、通风、防鼠、防震。正面装饰木制隔扇，根据房间使用性质的不同，门窗的样式多种多样，如门有双扇旋轴棋盘门、单扇方框门、板门、篱笆门、栏杆门等，窗有直摘窗、擦板窗、长格窗等（图2-84）。

图 2-84 循化县篱笆楼建筑

屋顶结构采用平顶式梁架,竖梁横檩,用双檐檩,竖排椽枋,椽上铺厚木板呈鳞状,望板上覆泥背。在楼体二层檐口、扶栏、入口大门楣檐部位多装饰有木雕,题材以花卉、树果、器具为主,雕刻形式有浮雕、镂雕(贴雕),图案精美。篱笆楼卧室内盘有石板坑,安置木床、桌椅、衣柜。仓库内安放木面柜、各类生产工具、生活用具等。

院墙采用粗石头砌筑或黄土夯筑,石材不做过细加工,院内铺地用小毛石,简单古朴。房院中设置花坛,栽植花卉果树类,富有生活气息。

六、哈萨克族毡房营造技艺

哈萨克族是古代游牧民族,哈萨克主体生活在中亚和西亚,我国的哈萨克族有140 余万人,主要分布在新疆地区,传统居住建筑为毡房。2008 年新疆塔城地区哈萨克族毡房营造技艺被列入国家级非物质文化遗产名录。塔城地区位于新疆维吾尔自治区西北部,面积 10.45 万 km²,西、北部与哈萨克斯坦共和国接壤。该地区属中温带干旱和半干旱气候区,冬季严寒且漫长,夏季月平均气温在 20℃以上。塔城是少数民族聚居区,现有汉族、哈萨克族、维吾尔族、蒙古族、达斡尔族、俄罗斯族等 13 个世居民族,人口 90 余万。哈萨克族占总人口的 27.68%,主要从事畜牧业,毡房是哈萨克族牧民必不可少的生活必需品。

  毡房的使用和建造历史悠久，西汉元封年间（公元前110—公元前105年）汉武帝将江都王刘建的女儿细君公主远嫁乌孙王。细君公主在《悲秋歌》中唱到："吾家嫁我兮天一方，远托异国兮乌孙王。穹庐为室兮旃为墙，以肉为食兮酪为浆。"[①]诗中旃指毡子，穹庐即毡房，说明哈萨克族的毡房至少在汉代以前就已使用。

  哈萨克族毡房与游牧生产生活方式紧密相连，既是生活资料，也是生产工具。一般的毡房高3m余，占地二三十平方米。毡房内部的支撑结构采用木制框架，拆卸灵活、运输方便，适合游牧迁徙需要，具有机动性。外部围裹毛毡，具有防风、防震、保暖功能，舒适宜居。毡房内的空间分成住宿和放物品两部分，若为三代同居，左侧是儿子儿媳的床位，床前挂有缎幔；正中上方摆被、褥、衣箱等物；右上方是主人床位；正中的衣物箱子前，铺有华丽的毡子和地毯，是客人坐的席位，也是礼拜空间；右下方摆有食品和炊具；左下方放置牲畜用具和猎具；正中天窗下安设火炉。毡房内陈设比较讲究的，壁挂、花毡、坐垫、靠枕等绣有色彩艳丽的花纹图样；自制的木碗、皮衣、鞋帽、马鞭、冬布拉一应俱全；四周还悬挂着狼、狐狸等动物的毛皮等，具有装饰性和展示性（图2-85）。

图2-85 哈萨克族毡房

---

① 徐凌.玉台新咏：卷九[M].北京：中国书店，2019.

井干式木屋是俄罗斯族建筑的一种重要类型，其构造方法是用圆木水平叠落成承重墙，圆木在墙角相互咬榫。两层的房屋，下层作为仓库、畜栏等，上层住人或办公。为了少占室内空间，楼梯设在户外，通过曲折的平台联系各个组成部分。这种圆木房屋的保暖性能较好，建造方便快捷，但由于结构、技术和材料的限制，建筑的体量一般不是很大，内部空间也不够发达，较重要的建筑物往往需要用几幢木屋组合拼接而成，体形也因之变得复杂。

无论砖木结构还是木构建筑，俄罗斯族建筑在外观上都十分注重用线条和图案进行装饰，如砖结构建筑在外墙壁上、窗户上下、房檐部位都有用砖块砌成的几何形图案，有的还用砖块雕成花纹，造型别致，富于美感。在门扇、窗扇、廊檐下、廊柱等处，常装饰有木块镶嵌的几何形图案和锯成的花纹，漏水管道、烟囱、房檐上的铁皮也常采用用卷、剪的手法做成的图案，阳台栏杆等处点缀有雕花，并涂有不同色彩的油漆，绚丽多姿；在井干式木屋的门窗、柱子、栏杆等处也常用用镂、刻、扎、镟的技法做成的装饰图案，体现了俄罗斯族建筑艺术鲜明的民族风格。

第三章　营造技艺的属性

营造技艺是传统建筑文化研究的重要对象。与我们以往侧重物质形态研究不同，现在我们是在非物质文化遗产语境下对建筑进行审视，我们关注的对象、背景、角度、方法随之发生了变化，营造技艺所具有的区别于物质文化遗产的基本属性自然成为我们特别需要探讨的问题，即非物质文化遗产的非物质性、无形性、活态性等，这将是我们分析问题的出发点和归宿点。

第一节　营造技艺的属性与特质

一、非物质性

以物质文化遗产角度审视传统建筑，通常是将其视为物质形态的文物或建筑物，即它的空间性状及其存续状态，侧重的是它的文物价值，主要是其历史价值，将其视为某一历史时期的表征，或历史事件的纪念，继而延展到科学价值和艺术价值，如可以将其作为某一历史时期人类技术成就的见证，也可以侧重在它提供给人们的审美享受（而非艺术经验），诸如尺度、比例、构图、色彩等（图 3-1）。相对于物质文化遗产而言，作为非物质的营造技艺，其关注的主要不是物质化的文物建筑本身，而是非物质形态的技艺，即营造过程及其方法，或称技艺本体。建筑物或建筑作品，包括营造过程中所呈现的阶段成果，只是技艺实现的结果。营造技艺具有独特的价值和意义，如前文所述，非物质所涉及的对象即技艺本体、营建过程及其相关的文化事项，其内容往往直接揭示建筑文化与建筑艺术的本质，而不需再经过对物质化的建筑实体进行转译来获得诠释。它所揭示的自然生态与文化生态的整体关系，建筑与建造者、使用者的相互依存和互动关系等，以及建筑内在的文化性、精神性、审美性、社会性等属性，这些内容或关联性原本是客观存在的，但往往被我们忽略，或者没有从整体和系统的角度加以审视，使得其文化价值没有被充分揭示出来，非物质文化遗产学为我们提供了一种整体性方法或视角。

图 3-1　布达拉宫红宫屋顶

　　在非物质文化遗产中，"非物质"概念主要是用来区别一般性物质遗产，即国际社会流行的自然遗产、文化遗产、世界遗产等概念用语，1989 年 11 月联合国教科文组织在第 25 届巴黎大会上通过了关于保护民间传统文化的建议书《保护民间创作建议案》（非物质文化遗产保护前身），其中提及的民间创作形式包括语言、文学、音乐、舞蹈、游戏、神话、礼仪、习惯、手工艺、建筑术及其他艺术，是以民间传统文化的提法提出了保护非物质文化遗产的倡议。2003 年 10 月 17 日，联合国教科文组织第 23 届大会通过了《保护非物质文化遗产公约》，明确定义了"非物质文化遗产"的概念："非物质文化遗产指被各社区、群体，有时为个人，视为其文化遗产组成部分的各种社会实践、观念表述、表现形式、知识、技能及相关的工具、实物、手工艺品和文化场所。"其中非物质属性的社会实践、观念表述、表现形式、知识、技能等是其核心内容，而相关的工具、实物、手工艺品和文化场所等物质形态只是其载体或呈现方式，有鉴于此，公约进一步概括了非物质文化遗产的范围和内容："一、口头传统和表现形式，包括作为非物质文化遗产媒介的语言；二、表演艺术；三、社会实践、礼仪、节庆活动；四、有关自然界和宇宙的知识和实践；五、传统手工艺。"由定义的表述来看，非物质文化遗产是一种现在时态的文化遗产，即它是历史演变和承继的结果，同时将继续存续和发展。非物质文化遗产之所以留存至今，且仍然服务于我们的生活，就在于其世世代代的传承。原始时期的制陶技艺及其陶器不是我们今天要保护和展示的非物质文化遗产，它们是过去时，其价值已经通过历史的研磨转化为今天的制陶技艺和制品，后者才是我们保护和展示的对象，而这种对象当中包含了历史的沉淀，所以物品的古老并不是我们要彰显的内容，而传承的久远才是我们要夸耀的东西，正如公约中所说："这种非物质文化遗产世代相传，各社区和群体适应周围环境以及与自然和历史的互动中，被不断地再创造，为这些社区和群体提供持续的认同感，从而增强对文化多样性和人类创造力的尊重。"藏族史诗《格萨尔》、蒙古族史诗《江格尔》、柯尔克孜族史诗《玛纳斯》均为著名的东方英雄史诗，内容涉及该民族的社会政治、经济、文化、习俗各个方面，是人们记忆中的民族百科全书，它们不是靠有形的物质载体流传下来的，而是靠艺人的世代传唱得以流传下来。一旦停止了活态传承，非物质文化遗产也就意味着死亡，即便具有重要的历史价值和文化价值，也只能进驻博物馆，成为文物和历史档案。人是非物质文化遗产呈现的载体，也是传承的载体，是传承得以实现的必要条件。非物质文化遗产传承的方式多靠个体性或家族性传承，如师徒传授或父子传承，以口传心授为主，如大部分表演艺术、手工技艺、中医药等；民俗类的节日、仪式和群体性的生产、祭祀、庆典活动，则是靠集体传承的方式。

物质形态的文物或遗存，包括可移动和不可移动两种形态，不可移动如建筑、遗址等，可移动如家具、器皿、书画、文玩等，它们既有年代价值，又有空间形式。而非物质文化遗产则为某一民族、人群所独有的思维方式、智慧、世界观、价值观、审美意识、行为方式、情感表达，体现了特定民族、国家、地区人民独特的创造力，具有独特性、唯一性和不可复制性。例如剪纸就是中国民间特有的一种表达理想、情感的艺术样式，逢年过节，家家粘贴窗花，或张挂于墙壁，表达对生活美好和幸福的愿景，表达中国人特有的祈愿和祝福。任何民族的文化、文明中都包含有独特的传统的因素、某种文化基因和民族记忆，这是一个民族赖以存在和发展的"根"，如果失去了这种文化之魂，也就失去了自己的特性和持续发展的动力。以南京云锦（连接）为例，其制作工艺已经有 1500 年历史，原为宫廷织造丝织服装的工艺，以精湛复杂著称，号称"东方瑰宝"，即便科技如此发达的今日，仍难以用机器生产出如此华美的手工产品，体现了中华民族充沛的创造力和审美情趣。保护非物质文化遗产就是保护各民族独特的文化基因、文

有乐律、曲式，并且有乐符和乐谱来进行记录，此外，音乐也要通过人的演奏、演唱才能得以完成，更何况在完成的过程中往往要借助场景、表演等加以配合（图3-4）。对营造技艺而言也是如此，技艺实施的每一瞬间都会是一种动作轨迹，并都会在产品或作品上留下痕迹，技艺活动和作品形态构成不间断的互动，是互相检验和鉴别的镜像。由此可见，传统营造技艺的无形，只是强调技艺的属性不具备实体形态，但技艺所遵循的法式、做法却是可以记录和把握的，技艺所实现的每一分步过程都是可以阶段性呈现的，最终完成的作品更是有形的，而且是有意味的形式，即形式中隐含和沉淀了丰富的文化内涵。换个角度，也可以理解为有形文化即是物质文化，如建筑物与古迹、绘画与雕刻作品、工艺品、典籍与古代文书、出土文物与考古资料等都是有较高文化价值的有形的文化载体。而无形文化即是非物质文化，如传统技艺、表演艺术、文化仪式等，它们是无形的文化载体。就营造技艺而言，建造的过程即是将无形的思想、法式、技法、巧思转化为有形的样式，即建筑实体和空间，我们体验建筑艺术作品的时候，正是沉浸在有形的形体之中和形体之外的人类深邃的智慧和豪迈的气魄。因此说来，无形也并非"无影无踪"，而是"有迹可循"。

图 3-4 藏戏

三、活态性

非物质文化遗产又称为活态遗产，对非物质文化遗产活态特征的阐释应该包含两方面的内容。一方面它是长时期历史积淀和文化传承的结果，如被认定的技艺类遗产一般要求至少三代的传承，当然许多遗产项目可追溯到数百年乃至上千年以上，如春节习俗。中国的传统木结构建筑技艺即是绵延数千年而未曾间断的文化遗产，虽然在传承发展过程中有嬗变，但它的核心思想、技艺、审美等一以贯之，并可以形成不同的分支、流派和风格。纵向来看，中国传统木结构建筑营造技艺从秦汉时期，经过唐宋时期，发展到明清时期，不断地传承和完善，形成了统一而稳定的营造体系。横向来看，唐宋以来的营造法式在不同地区、不同民族文化语境下也形成了流变，仅在汉族地区就有北方官式做法、徽派做法、苏式做法、闽粤做法等，这些都是活态的体现。我国的端午节文化习俗传到韩国，经过与韩国民间习俗、文化传统的融合演化为富有韩国民族特色的端午祭，应该是文化传播与流变的现实案例。韩国申报成功的人类非物质文化遗产项目"大木匠与建筑艺术"及日本申报的"与日本木构建筑的保护和传承有关的传统技艺、技术和知识"也都可视为中国传统建筑技艺的流变结果。非物质文化遗产在传承与传播中不断地活变和流变，像生命体一样在与自然环境及社会环境的作用中不断地生长、适应与变化，积淀了丰厚的政治、经济、历史、文化、科技信息，积累了历代传承人的智慧、技艺和创造力，成为人类智慧与创造力的结晶。

另一方面，除却时间意义上的活态之外，活态的含义也包括空间意义上的动态特点，即技艺本身是以人及人的建造活动为载体。具体而言，就是指工匠对工具的施用、加工建筑构件和建筑装饰的手工操作，以及建造过程的连续的动态呈现，其中也包括建造过程中的祭祀、民俗活动等，这些都是在空间形态上呈现出活态特征的，否则不能达成技艺的存续。然而，动态与静态二者之间也仍然存在着内在联系和转换因子，如一件建筑作品不但是活的技艺的结晶，而且其存续过程中要经历不断的维护修缮，注入了不同年代、不同时期的技艺烙印；建筑物同时又是一件文化容器，与使用者及生活于其中的人每时每刻都在发生着相互作用，实现和完成其中的活态生活，而这也恰恰构成了活态遗产不可或缺的文化空间（图 3-5）。

图 3-5　山西晋城皇城相府中的合院建筑群

　　除了非物质性、无形性、活态性这些属性之外，还应特别强调的是营造的文化属性，即非物质文化遗产视野下的技艺不是单纯的技术、技巧，而是依存于文化生态中的技艺整体，即技艺与其环境整体相互依存，其中包括了社会观念对技艺施加的影响、社会文化生态对技艺及持有者产生的影响等。这一特点或也可称之为技艺的文化内涵，是非物质文化遗产语境下的技艺区别于一般技术意义上的重要特征，也是我们认识和阐释传统建筑技艺的基础和立场。从这一观点出发，以往我们认为非常重要的一些技术措施可能就变得不那么重要了，一些不被看重的微小细节反而进入了我们的研究视野。在中国传统木结构营造技艺的研究视野中，木结构对自然环境的适应只是木结构体系适应性的一个方面，另一方面它还必须在社会适应性方面具有良好的表现，才能在漫长的社会变迁中不断地改进完善而不被其他技术上更先进的结构形式所取代。这一特性体现在木构架体系与中国传统社会的社会组织结构、意识形态结构、文化心理结构等方面的充分契合，并最终形成了互为道器的关系。比如说，以木构为主要建筑材料的构筑方式很切合小农经济为主体的社会经济结构：中国传统社会是以独立的家庭为细胞单位组合而成的，以血缘为纽带构成社会网络，社会的生产生活方式也是以家庭为核心，这种家庭可以进而扩展到一个较庞大的家族。虽然在古代城市中一般有官办的营造机构负责统一的规划和建造，但在广大的乡镇，屋舍的营建都是以家庭为单元的，依靠村民协作的方式来进行，传统的构筑方式真实地反映了传统农耕社会自然经济的特色（图 3-6）。再比如依托于传统技艺建造的木构架建筑，虽然单体尺度有限，但通过庭院自身的放大和院与院的纵横聚合，同样可以铺展出庞大的建筑组群，从而有效地适应传统社会生活各个领域的功能需要。这种封闭性的庭院式布局形式也充分适应了传统文化中主从有序、内外有别的社会伦理道德，满足了父权、族权支配下的独立的血缘单位、祭祀单位、经济单位的使用功能，也与内向型、防守型的文化心理结构相适应（图 3-7）。以上这些都是技艺的文化内涵，是我们在探讨营造技艺中不应忽视的，甚至是需要特别加以关注的。

图 3-6　建造中的西江苗寨吊脚楼

图 3-7 山西丁村合院式建筑

　　说到中国道器合一的传统，可以在建筑中明显看到器用方面的文化功能，而这也无不贯穿在营造技艺的整个过程之中。中国的儒家一方面提出了实现礼乐和谐的原则，另一方面也提出了实现这些原则的途径。建筑上的等级制度就体现着传统社会中"礼"的辨异功能，建筑的大小、尺度、体量、色彩，以至室内外附属器物的大小、坟冢的直径，甚至棺材板的厚度等，都可以成为区别享用者地位的量度，也正是依借这些象征性的量度，使建筑乃至建筑所承载的社会文化等差有序。通过对营造制度的辨析可知，不同等级和层次的人使用不同形制的建筑，等级越高，选用的建筑等级也越高，且类型不受限制。在建筑制度方面，宋代已经将建筑的用材分为 8 等，清代将建筑用材分为 11 个等级，分别用于不同规模和等级的建筑，而越级用材则为违礼之举。在用材之外，凡建筑的开间、进深、台基形式、柱高、脊高、屋顶形式、瓦饰、彩画等均需按照其有关等级要求加以施用，不得僭越。北京四合院临街的院门有广亮大门、金柱大门、蛮子门、如意门等不同形式，人们抬眼一望，便知居者的尊卑贵贱。中国建筑营造上的这些制度、规范原则上都是和社会结构的组成方式、木结构单体建造方式、院落空间组合方式等相互呼应，而最终构成为一个整体。这些建筑无论是大到一组建筑群还是小到一组建筑构件，它们都作为构成人文环境的有机部分，可以在一定程度上改变人的心理状态和行为方式，也就是说它可以激发、引导、限定、阻止人的活动，一定程度上对人的思想和行为进行潜在的、系统的控制，建筑物的构成元素随之也就成了可以与人的行为互动的标识体系。建筑对人行为的影响并不是抽象的感知，而是将人们的现实生活转换成在建筑环境中的活动规则，这些规则的实现就是建筑得以存在的社会价值。即便在研究建筑技术时，我们也是把技术放在文化语境下观察，并做出整体的解释，比如材分和斗口，不能只研究它在建筑结构和构造中的作用，而且要研究其文化背景和文化意义，从而对这一中国传统建筑特有的做法有更深刻的理解，并找到传承其文化价值的钥匙。

　　"风水"也是营造技艺中的一种"技术"，是中国古代五行家相地看宅的"数术"。在古代，风水又称为堪舆，《周易》中就已出现堪舆观念。东汉初的班固《汉书·艺文志第十》中记载了堪舆术专著《堪舆金匮》十四卷，与言阴阳五行、时令日辰、灾应诸书同列"五行家"类，为当时"数术"六种之一。如果我们只是把风水看作是一门趋利避害的实用工具，那么它已经完全被今天的自然科学如地质学、水文学、天文学、气象学等取代。但如果放到文化背景中去审视，其存在就有其合理性，事实上它已经存续了上千年，且至今仍在传承。历史上有专门知识和能力的堪舆实践者被称为堪舆家或风水先生，是堪舆文化的主要传承人，他们以阴阳五行为原理，以选择吉兆墓地、房宅风水为主要工作，其活动和书著承载着中国古代天文学、地理学、环境学、哲学、易学、建筑学等多方面的文化信息，具有典型的非物质文化特征，也是古代营造技艺中的重要内容。江西省兴国县梅窖镇三僚村是中国风水学中最盛行的流派——赣派风水的发源地，素有"中国风水地理文化第一村"之称，既是中国传统村落，也是全国文物保护单位（图3-8），如今村中仍有大量民间堪舆师外出从事相宅活动。2007年和2008年"三僚堪舆文化"先后被选入赣州市、江西省民俗类非物质文化遗产名录。罗盘是堪舆的重要器具，目前安徽省休宁县万安镇万安罗盘仍然保留着传统制作工艺，并已列入国家级非物质文化遗产名录（图3-9）。

图 3-8　江西兴国县三僚风水村

图 3-9　安徽徽州万安罗盘

第二节　营造技艺的价值

　　不同类型的文化遗产凸显不同方面的价值，但整体而言，非物质文化遗产的价值具有综合性的特征。从构成要素来看，常常是各种表现形式的综合，如传统戏曲就涵括了文学、舞蹈、美术、音乐等多种表现形式；就功能而言，非物质文化遗产具有认识、鉴赏、娱乐、教育等多种功能，以妈祖信俗为例，该项目包含了神话、传说、故事、音乐、舞蹈、戏曲、歌谣、游戏、祭典、民俗等多种文化形式，且其中很多形式是依托于寺庙建筑、装饰雕刻、民间手工艺品等有形文化形式而存在的。

　　作为非物质文化遗产的营造技艺，价值是多方面的，联合国教科文组织在《宣布人类口头和非物质遗产代表作条例》中指出：非物质文化遗产"从历史、艺术、人种学、社会学、人类学、语言学或文学角度看，具有特殊价值的民间传统文化的表现形式"，评价非物质文化遗产的价值时应考虑"是否扎根于有关社区的文化传统或文化史，是否起到证明有关民族和文化群体的特性作用，是否具有灵感和文化间交流之源泉以及密切不同民族和不同群体之间的关系的重要作用，以及目前对有关社区是否有文化和社会影响，是否具有作为一种活的文化传统的唯一见证的价值"，依此我们可以建立起评判非物质文化遗产价值的标准。以历史价值为例，任何一项非物质文化遗产都有其产生和发展的历史条件，都带有特定的历史时期特征，从而忠实地传达给我们特定历史时期的生产发展水平、社会组织结构和生活方式、行为方式、道德习俗和思想观念等印记，比如通过对营造、造纸、冶炼、烧造、印刷等工艺的挖掘，我们可以了解到各个历史时期生产和技术发展状况；通过对制作者的技艺传承其在商贸与文化传播中的地位和作用的解读，对当时社会关系、经济关系、文化发展的状况和变化做出正确的评估和判断。就历史价值而言，非物质文化遗产往往是以民间的、口传的、质朴的、鲜活的形式呈现，可以补充历史文献的疏漏和不足，可以帮助我们更真实、更全面地接触到历史的本真。非物质文化遗产是活着的历史，以直观生动的形象折射着历史的真实，因而具有重要而特殊的历史价值。

　　非物质文化遗产中有许多项目其本身包含着丰富的科学思想和技术经验，具有科学与技术价值。非物质文化遗产中包含有大量具有科学研究价值的学理内容，其中既包括如物理学、天文学、气象学、化学、医学、建筑学等自然科学的素材，也包括社会和人文科学如人类学、民族学、历史学、宗教学、民俗学、心理学、社会学等养分。许多技艺类项目本身超越了时空的限制，至今仍直接向我们提供着具有科学价值的思想、技术、方法，如天象观测与历法、金属锻造与加工、织造与印染、陶瓷制作与烧造、烹饪与酿造、造纸与活字印刷、木结构营造、中医与中药泡制等，至今仍在被我们传承和使用。这些具有科学内涵的技艺凝结着古人的智慧，往往与传统文化、习俗融合为一体，成为理性与浪漫的交织，成为中华文明的代表。中国传统营造技艺本身是一个庞大的知识体系，包括城镇与村寨选址、结构与构造技术、模数设计与装配施工、防灾减灾措施等方面，每个方面都包含有深刻的科学原理（图 3-10）。

图 3-10　应县木塔斗拱

营造技艺同时具有重要的社会与民俗价值。一般而言，非物质文化遗产是人与人之间进行交流和了解的载体和媒介，客观上可以促进人与自我、人与他人、人与社会、人与自然，以及族群与族群、国家与国家、地区与地区的和谐，协调人际关系、家庭关系、族群关系、社会关系、国家关系等，并可以调整个体的精神世界，因而具有重要的社会价值。非物质文化遗产中包含了大量的诸如惩恶扬善、尊老爱幼、明理诚信、互助友爱、知足常乐等伦理道德内容，这对民族及族群的民族认同、群体认同、社会认同起到重要的作用，维系着民族和族群的共同情感体验和生活习俗。如汉族地区的关公信俗，其中关于仁义、诚信的广泛认同和倡导就对社会和谐与诚实守信有正面作用。人是群居的社会化动物，人的社会化过程就是社会价值的认同过程，一方面个体要接受社会环境的影响，如家庭、社区、学校、单位、媒体等的影响，另一方面则是将社会的价值标准、行为规范潜移默化地转换为自己的价值观和行为准则，从而实现人的自然属性与社会属性的融合。个体在社会化过程中所关注、认同的行为文化、伦理文化、风俗文化等，很大一部分属于非物质文化遗产的范围，非物质文化遗产的突出特征如社会性、群体性、共享性等，也正是个体在谋求社会认同中所要学会和遵守的，这也表明非物质文化遗产具有极为重要的社会价值。

非物质文化遗产中的众多类型如民间文学、手工技艺、表演艺术等都具有很高的艺术价值和审美价值，很多遗产项目都是非常典型的艺术创作和艺术活动，本身便具有审美功能。有些项目如营造、雕刻、烧造、织绣等，其产品就是典型的艺术品，是手工技艺的艺术结晶，营造技艺中如建筑、桥梁、车船，制陶技艺中如青瓷、钧瓷、汝瓷、德化瓷，织造技艺中如云锦、蜀锦、缂丝，刺绣技艺如苏绣、潮绣、湘绣等，相关作品不但给人们带来艺术享受，其技艺展示的过程往往也具有审美功效。

建筑是人们利用自然材料或人工材料按照美的规律营造的空间与实体，在营造过程中人们倾注了自己的审美理想，从而使建筑物成为具有审美价值的艺术品。中国传统建筑营造技艺是承载民族、社区集体记忆与审美情结的空间场域及实体，是和自然、社会、历史、民俗结合得最为紧密的艺术形式，其审美价值是和中华民族传统的审美心理特征，包括中华民族特有的审美理想、趣味和审美方式紧密联系着的。建筑的美有空间美、形式美等特性，就营造技艺而言，则主要反映在营造过程中呈现的审美品格，如材料美、技术美、工艺美、装饰美等（图3-11）。

图 3-11 檐下斗拱彩画

在历代社会中，中国传统木结构建筑营造技艺的传承人和建筑行业的从业者以民间工匠为主，匠人多隶属于官办或民办的作坊，社会地位普遍不高。传统营造技艺主要是通过师徒或家族授受进行传承。20 世纪以来，伴随着生活方式的演变和西方现代建筑技术的传入，中国传统木结构建筑营造技艺受到现代建筑在理念、材料、结构、营造方式等各方面的冲击，传统营造业出现了急速衰退，从业人员急剧减少，传统技艺也处于失传或濒危之中。然而，传统木结构建筑作为一种文化遗产（文物）和景观建筑类型依然有特定的社会需要和生存空间，如传统木结构建筑营造技艺至今仍应用于古建筑维修和仿古建筑的新建中。此外，在广大乡镇，特别是西南少数民族地区，人们仍然习惯采用传统方式建造居所，这也使民间的传统技艺得以保存下来。然而，随着近年来全球化和城镇化进程的提速，我国的文化生态又发生着巨大变化，文化遗产的存续又一次受到猛烈冲击，包括营造技艺在内的一些依靠言传身教进行传承的非物质文化遗产正在迅速消失，许多传统技艺濒临消亡，曾在我国各个地区、各个民族、各种类型中广泛应用的木结构建筑营造技艺仍处于濒临失传的境地，加强对传承人、传承方式、传承环境的保护已刻不容缓。

第四章 营造技艺的传承与保护

第一节 传统营造的传承机制

活态性和传承性是营造技艺的基本特征，而活态性与传承性的必要条件是传承人的存续和传承活动。没有传承人作为传承主体的非物质文化遗产，将转化为物质遗产、记忆遗产，或博物馆的文物典藏，将只供人们研究、鉴赏，而不再被视为活的遗产参与当下社会的实践活动。营造技艺作为非物质文化遗产是客观存在的，但它的存在方式要通过技艺持有人的施用、活动才得以实现，否则只是保存在书本或电子媒介上的图文记述，而非活的遗产。要使营造技艺不但存续而且持续发展，就要求营造技艺持有人持续不断地开展营造活动和传承活动。据此而言，对营造技艺的保护应该包括对营造本体的保护和对营造技艺传承人的保护两个方面，对传承人的保护又包括了对传承人本身的保护，以及对传承环境、传承机制的保护。只有对所有这些方面做细致和全面的研究，才能保证有效地进行营造技艺的保护。

1. 传统工匠和工官

中国古代的营造从业者主要有三种人：一为工官，即政府负责管理工程的官员；二为技术管理人员，在政府机构中一般为都料匠，在民间则为工头，也可以根据实际情况把这一群体分别归入工官或工匠类别；三是匠人，即各色工匠。完成一项土木工程，特别是官府的重要工程，需要工官、工匠、役夫等多方面人员组成施工团队；民间的工程则常常由工匠团体独立完成。

技术管理人员是处于中层或中间环节的专业技术人员，他们大多数为工匠出身，因技艺出众，又兼具组织管理才能而担当管理工作。在具体的方案设计和施工现场的调度、管理上，通常由富有施工管理经验的匠师负责，宋代称之为"司务"或"都料匠"，这一职位由服务于官府的匠师，或民间独立的工程主持人及承包商担任，即这些人大多为工匠出身，不但掌握施工管理技术，还兼具策划与设计才能，是所谓掌绳墨之人。历史上著有《木经》一书的宋代木匠喻浩即是这样一位工程主持人。古代建筑的大木梁架上常能留下这些工程负责人的名字，如柳宗元《梓人传》中说："既成，书于上栋曰：某年某月某日某建。"[①] 书中还记述了梓人的主要特征和工

---

① 柳宗元. 柳河东集 [M]. 北京：中华书局 .1958.

达攀上梁架高处，手起斧落，榫卯瞬间合龙，康熙现场"敕授"雷发达为工部营造所的长班。此后民间就流行有"上有鲁班，下有长班"的说法（图4-2）。雷发达在京服役30余年，把自己的营造经验和心得编写成书，流传给后人学习。其后雷氏家族七代均服役于宫廷，掌管和参与了多项皇家工程，包括北京故宫、天坛、圆明园、颐和园、承德避暑山庄、北京三海、清东西陵等。该家族是明清官式营造技艺名副其实的持有人和传承人。

图4-2 "样式雷"家族雷发达像

（2）工匠

从事手工艺劳动的一般工匠，供艺于官府或民间，他们积累了世代相传的施工技术和经验，并转化为历代的营造做法。在古代中国，这些工匠有官匠、军匠和民匠之分。早中期，官营手工业占据较大的比重，政府通过在全国范围内大规模的征调，将民间优秀的工匠集中起来为政府所用，并将专业匠师编为匠户，使之成为官匠，子孙世守其业。

至迟在商周时期，匠人已有百工之分，如有土工、金工、石工、木工、兽工、草工。百工皆"以法为度"，比如掌握了以矩为方、以规为圆、以绳为直、以悬为正（垂直测量）、以水为平（水平测量）的方法，以及空间测量、重量测量的技术，掌握了这些方法的人被尊称为"国工"。在商代中期，古陕州治所的黄河边有一位精通土工版筑技术的工匠，名叫傅说，傅说居土窟，善土作，他利用版筑技术取土拦洪筑堤，进行水利建设。商王武丁曾亲自拜访傅说，并破格选拔他当了宰相，协助商王开创了著名的"武丁中兴"。中国古代工匠的鼻祖鲁班也正是诞生在这一时期。传说中鲁班发明了各种木工工具，还主持建造了大量建筑工程，因而成为了木匠乃至各行匠人的楷模和偶像。如今，鲁班传说已列入国家级非物质文化遗产名录。

在继承了商周时期工匠管理制度的基础上，春秋战国时期设置了"工正""工师""匠师"等职位统管各色匠人。除少数工匠为工奴或刑徒外，大部分工匠是"自由民"身份，但需由朝廷统一注册管理，注册后的匠籍不可改变，"商工皂隶不知迁业"①。这在一定程度上有利于社会稳定，让大家安居乐业而不见异思迁。"工匠之子，莫不继事；而国都之民，安习其服"②。匠户世代为匠，子承父业，也有利于技艺的精进，"教其子弟，少而习焉，其心安焉，不见异物而迁焉。是故其父兄之教，不肃而成；其子弟之学，不劳而能。夫是，故工之子常为工"。士农工商各守其业的恒定的职业操守被认为是国家稳定的基础，而家族内部的技艺传承也成为手工业者的法规，并往往以家族或氏族为手工制品的代表，"三代之时，百工传氏，孙承祖业，子受父训，故其利害详尽"③。例如，陶氏"皆以陶冶为业者"，干将氏"善铸剑，故剑以干将得名"④，师氏"其先处于古官治木者"⑤。

由于相对自由的身份与法定的职业管理制度，激发了工匠的技艺传承和持艺信心，涌现出许多闻名一时的匠人，如齐国的工师翰，通木、石、垺、绘、陶各种工艺；春秋时还有一位工匠叫王尔，技艺超群，与鲁班号"双雄"，后有晋国的任射，也是身怀绝技的匠人，号为"王尔鲁班之俦"⑥；至两汉又有丁缓、李菊，"巧为天下第一"⑦。秦汉时期营建宫室前已经有绘制图样的先例，如汉武帝建明堂时，就是按照公玉带所献明堂图建造的。王莽起建九庙时，也是"博征天下工匠各图画"，择优纳之。

手工业长足发展，促进了百工的繁荣和技艺的提升，"凡天下群百工，轮、车、

---

① 左丘明. 左传 [M]. 北京：中华书局，2021.
② 荀子. 荀子 [M]. 北京：团结出版社，2017.
③ 司马卿. 懒真子 [M]. 上海：进步书局. 1930.
④ 郑樵. 通志 [M]. 杭州：浙江古籍出版社，2007.
⑤ 嵇璜. 续通志 [M]. 杭州：浙江古籍出版社，2007.
⑥ 孟永林. 秦州记凉州记辑本 [M]. 西安：三秦出版社，2019.
⑦ 刘歆. 西京杂记：卷一 [M]. 上海：上海古籍出版社，2019.

韗、鲍、陶、冶、梓、匠，使各从事其所能”[①]。所谓工，应能“审曲面执，以饬五材，以辨民器”，“知得创物，巧者述之守之，世谓之工”[②]。那些技艺高超的工，特别是专攻大木的运斤之人，则被称为匠，他们不但身怀绝技（主要是使用斧头劈削，或使用弯刀剞劂，所以人们用鬼斧神工指称这种工匠及技艺），还能组织调动其他工匠协同工作，所以常成为主持人和领导者，而被称为大匠。《考工记》中记载说“匠人建国”“匠人营国”，意指规划设计即组织建设的是称为匠的人。《考工记》中将攻木之工又分为轮、舆、弓、庐、匠、车、梓七种，其中梓指制造器物的木匠，匠则专指营造建筑的大木匠，可见专业分工越加精细。不但营造如此，制陶、铸造、织造、琢玉、制革、舟船、髹漆等工种，莫不如是。如西汉耳杯铭文记载了当时油漆工种的分工情况：“元始三年，广汉郡工官造乘舆髹羽画工黄耳培。容一升十六龠。素工昌、休工立、上工阶、铜耳黄涂工常、画工方、汧工平、清工匡、造工忠造。”[③]这里所说的“素工”，就是制作木胎的；“休（髹）工”，就是漆工，负责初步涂漆；“上工”，也是漆工，负责进一步涂漆；“铜耳黄涂工”，就是负责在漆器上镶铜耳、铜箍和镀金的；“画工”，就是在漆器上画花纹的；“汧工”，就是在漆器上雕刻铭文的，或负责将刚髹漆的器物放入“阴室”、照顾漆膜干燥的；“清工”，是负责清洗漆器，最后检验产品的；“造工”，是作坊的负责人。每道工序都由专人干，各负其责。战国时期开始实行了官办“工商食官”制度，即规定从事手工业生产的百工，世代为匠，子孙世守其业，使得技艺的传承成为一种制度。同时也出现了具有一定自由职业特征的“工肆之人”，所谓“百工之肆，以成其事”[④]。

在唐代，由官府掌控的工匠分为短番匠和明资匠两类，均编入政府的匠人户籍。短番匠指短期轮番服役的工匠，一年中要无偿为政府服役 25 ～ 50 天；明资匠是常年为政府服役的专职匠人，也是国家工程建设的技术骨干，又称长上匠，国家在义务服役时间之外为额外服役支付酬劳。唐朝将作监是管理机构，并不直接蓄养工匠，政府对民间工匠按地区进行建册管理，所录工匠均“散出诸州，皆取材力强壮，技能工巧者”[⑤]，工匠平素皆存于民间，遇有重大工程，政府便进行征用和雇佣。无论是短番匠还是长上匠，或者是中后期大量出现的雇匠，一般都是以服徭役形式无

① 墨翟 . 墨子 [M]. 黑龙江：北方文艺古籍出版社，2016.

② 著者不详 . 周礼 · 考工记 [M]// 孙诒让 . 周礼正义 . 北京：中华书局，2015.

③ 陈默溪，牟应杭，陈恒安 . 贵州清镇平壩汉墓发掘报告 [J]. 考古学报，1959（01）：85-103, 139-144.

④ 孔丘 . 论语 [M]. 北京：中华书局，2006.

⑤ 李林甫 . 唐六典 [M]. 北京：中华书局，2014.

偿或近乎无偿地为政府尽封建义务，工匠征发和役使具有明显的强制性。

民间自建房舍一般是由雇主自行雇佣民间匠人。唐柳宗元《终南山祠堂碑序》曾有记载："乃征土工、木工、石工，备器执用，来会祠下，斩板干，砻柱础，陶瓴甓，筑垣墉。"①柳宗元在其《梓人传》中描述了一位名叫杨潜的匠师受雇主委托进行营修官署的情况："委群材，会众工。或执斧斤，或执刀锯，皆环立向之。梓人左持引，右执杖，而中处焉。量栋宇之任，视木之能，举挥其杖曰：'斧！'彼执斧者奔而右；顾而指曰：'锯！'彼执锯者趋而左。俄而斤者斫，刀者削，皆视其色，俟其言，莫敢自断者。其不胜任者，怒而退之，亦莫敢愠焉。画宫于堵，盈尺而曲尽其制，计其毫厘而构大厦，无进退焉。既成，书于上栋曰：'某年某月某日某建。'则其姓字也。凡执用之工不在列。余圜视大骇，然后知其术之工大矣。"由文中可见，杨潜的角色相当于总设计师和总建筑师，主要是负责筹划设计、组织安排施工和检验保证工程质量。

由文献记载可知，唐时匠师已在施工前绘制设计图（并常有制作模型为辅助手段）。另据文献可知，重大项目在实施前常有画工绘制图样进行推敲，宋人绘图水平之高超由《营造法式》所附图例已尽显无遗。施工中使用寻、引、规、矩、绳、墨等工具制定尺寸要求，指挥各色工匠施工，竣工后将匠师的名字题写在栋梁之上。柳宗元因之感叹"梓人之道类于相"。对于一般工匠，即便名扬当下，亦难载史乘，只因将姓名刻录于建筑上而流传下来，如大相国寺排云宝阁之于边思顺、赵州桥之于李春、云居寺石塔之于张策，以及瓦工李阿黑、铁匠毛婆罗等，此外有关匠人的详细情况依然阙如。

两宋以来，官府手工业劳动者除了征役之外，开始采用雇募的方式，称"和雇"。"今世郡县官府营缮创缔，募匠庀役，凡木工率计在市之朴斫规矩者，虽启楔之技无能逃。平日皆籍其姓名，鳞差以俟命，谓之当行"②。被差雇的匠人多为在市井上从业的手工业者，官府对这些匠人事先登记在册，遇有工程需要，采用轮流供役的形式征集服役。文献记载，宋真宗营建玉清昭应宫时"尽括东南巧匠遣诣京"③；宋仁宗修葺大内宫殿时"令京东西、淮南、江东、河北路并发工匠赴京师"④；宋

① 柳宗元.终南山祠堂碑序[J]// 董诰.全唐文.北京：中华书局，1912.
② 岳珂.愧郯录：卷十三[M].朗润，校.北京：中华书局，2016.
③ 脱脱.宋史[M].北京：中华书局，1983.
④ 毕沅.续资治通鉴：一百一十卷[M].上海：上海古籍出版社，1987.

徽宗建中靖国元年诏"下诸路差石匠六千人赴陵所"[①]，建造钦圣宪肃皇后陵；宋徽宗政和年间建明堂时，也是由诸州"抽"调工匠。文中所谓"括""发""差""抽"，指的都是朝廷对工匠的差使。一般民间建造房屋时，只需在市中招募匠人即可。由此可见，两宋时期官府用工主要不再靠蓄养工匠和征调徭役，而是通过招募和给筹的方式，这无疑促进了匠人持艺和传承的信心和热情，因而名匠辈出，知名者如燕用、喻皓等。喻皓曾为杭州都料匠，主攻大木作，所主持工程项目无数，尤以造塔闻名，被称为"国朝以来，木工一人而已"[②]，著有《木经》三卷，详介台阶、屋身、屋顶三分构成及营造方法，后世匠人皆以《木经》为法度。

明清两代对工匠的管理制度总体上从松弛走向废弃。明代早期对匠人仍实行匠籍制度，入籍的匠人终身服役于朝廷。供役方式分为轮班、住坐两种，称为"轮班匠""住坐匠"。轮班是各地在册的工匠以 3 年为一轮班来京无偿供役 3 个月，并且自己负责往返费用，不赴班者需要缴纳班银，即以银代役。住坐匠人固定在京服役，人数有 23 万之多，每月服役 10 天，其余时间则自谋生计。此外，由于城市建设规模日益增长，原有的专业工匠已难满足要求，而需要大量的军士充当劳力，称班军，其中有专业技术的军士称为军匠。此外，根据项目的需要还要雇佣民间劳工，称为包工。由于匠役制度缺乏社会公正，也造成资源浪费，致使大量工匠选择逃避的方式拒绝供役。有鉴于此，明朝政府在成化二十一年（公元 1485 年）出台了"银代役"法以应对这一现象："轮班工匠有愿出银价者，每名每月南匠出银九钱，免赴京，北匠出银六钱，到部随即批放，不愿者，仍旧当班。"[③]明隆庆三年（公元 1569 年），应天巡抚海瑞推行了"一条鞭"法，规定工匠可以通过纳税免除徭役。到了明代后期，班匠制度改为以银代役，匠人的劳动积极性随之有了极大提高，促进了匠作技艺的发展繁荣。以上海为例，明万历至崇祯年间（公元 1573—1644 年），上海县城内纳税的建筑工匠已达 500 多人，他们利用自由人的身份走街串巷承揽业务，或伫立桥头或汇集茶馆，等待业主的雇用。到了清朝，官府无偿役用建筑工匠的做法虽然时有发生，但匠役制度已难以为继，各地陆续出台新政，禁止无偿役用建筑工匠，如清康熙三十九年（公元 1700 年），松江府衙颁布了《为禁铺商当官告示》，匠役制度逐渐退出历史舞台。

有清一代，除工部营缮司负责宫廷外营建项目外，另设内务府营造司和造办处，

① 徐松 . 宋会要辑稿 [M]. 北京：中华书局，1957.

② 杨永生 . 哲匠录 [M]. 北京：中国建筑工业出版社，2005.

③ 申时行 . 明会典 [M]. 北京：中华书局，1989.

专门负责皇家内廷工程和器物制作。清代中晚期强制性的班匠服役制度趋于瓦解，官府营造用工已经基本以雇佣为主，政府的重要工程项目均委派专职大臣督建，并负责招揽私营厂商承建。私营厂商称"木厂"，所谓木厂，包含木作、瓦作、石作、土作、油漆作、彩画作、裱糊作、搭材作等各作业务。清代早期北京规模较大的木厂有八家，俗称八大柜（即兴隆木厂、广丰木厂、宾兴木厂、德利木厂、东天和木厂、西天和木厂、德祥木厂、聚源木厂）。后又逐渐地成立了四家规模比较小的木厂（相当于现在的私营古建公司）：艺和木厂、祥和木厂、东升木厂、盛祥木厂。民间俗称这些机构或企业为八大柜、四小柜（过去工人在哪家打工，就称哪家为"柜上"），共计 12 家，所有木厂都有八大作的工种，即瓦作、木作、搭材作、石作、土作、油漆作、彩画作、裱糊作。兴隆木厂是这些木厂中规模最大的，曾承担过故宫、颐和园、天坛等重要工程。木厂的管理机制类似私营公司，设有掌柜（公司经理）、坐柜（业务主管）、作公（行政主管）、各匠作的作工头（各专业技术负责人），如木工头、瓦工头等，无领固定薪酬的专职工匠，待承接工程项目后，从政府或业主那里支取钱粮或银两，并视工程的规模和性质雇佣工匠和民夫。木厂对所承包的项目负责，独立经营。在具体操作中，待与业主就整体规模和总体布局商定之后，木厂的样子匠和算手参照"工程做法则例"对单体建筑主要部位的尺寸及特征做出规定，各作工匠根据具体情况和各自操作习惯进行构件加工和安装。

明清两代，一般工匠即使身怀绝技，若未居官职就难以见诸史载，或有地方志偶有记载，或只是民间口碑相传，但时过境迁往往也湮灭在历史尘埃中。明代如肥乡县木工赵得绣，吴县木工，保德县画工王顺、胡良；清代顺天木工梁九、桂东县黄攀龙、上海瓦工杨斯盛、吴县姚承祖，以及善于设计图样的苏州姚蔚池、谷丽成等，往上追溯还有元代的房山石匠杨琼、王浩、王道等，均以零星记载散见于县志、碑记及文人笔记中。

到了民国时期，建筑商仍然名为"营造厂"，但已经融合了一定的现代施工技术与管理制度，如当时南京的"陈明记""新金记""陶馥记""陆根记"四大营造厂被列为民国建筑商"四大金刚"。以"陈明记营造厂"为例，它曾经是南京最大的营造厂，由浙江鄞县人陈烈明于 1897 年 2 月创办，是南京首家由华裔开办的营造厂 ①。早年南京的学校、教堂、医院等建筑大都出自"陈明记"之手，如当时的金陵大学（今南京大学北大楼、东大楼、西大楼、图书馆、东北大楼、礼拜堂、

---

① 扬子晚报.民国时期南京四大营造厂及其作品知多少 [N].2009-12-2.

学生宿舍等）、金陵女子大学（今南京师范大学）、金陵神学院、明德女子中学、中华女子中学的校舍，以及南京第一座正式的基督教礼拜堂（今白下路圣保罗教堂）、汉中路礼拜堂（今基督教莫愁路堂）、马林医院（今鼓楼医院）等。据记载，"陈明记营造厂"曾有一个对业主负责的举措，那就是在建设施工过程中会将该建筑的图纸资料等，用金属盒密封后埋在所在建筑的地下，以防散失，同时便于后人维修或改造。

经济发达的江南地区是营造技艺转型的重要地区，以上海为例，1843年开埠后，随着贸易和人口增加，建筑需求增加迅猛，一方面出现了中西合璧的石库门住宅建筑以满足日益增长的居住需求，另一方面出现了大量西式现代的公共建筑，西方新型建筑材料和施工技术，以及施工管理方式随着进入了中国的建筑业，促进了近代上海建筑业的快速发展。最早的是一批外商洋行在经营贸易的同时兼营房地产业，由外商开设的营造厂多数称为建筑公司，与传统的水木作坊、农村个体工匠形成建筑市场中三足鼎立的格局。这些公司在市中心租用写字间，公司本部安装电话，配备交通工具，管理机构设有经理室、账房、华人买办室、工程监理室。此外还设材料堆场、工场等附属部门。由外商或买办经营的建筑公司最早垄断了新建筑的设计、技术管理、建筑材料供应、水电设备安装等技术要求较高、利润较丰厚的环节，劳动量较大、条件较艰苦、利润较微薄的土建施工则一般由传统的营造厂或农村水木匠来分包。继而，一些中国民族资本家在办实业中取得第一桶金后也开始投资房地产，"建筑房地产"逐渐成为上海的热门行业。由于旧有的称为"水木作"的施工组织形式已很难满足新建筑的施工要求，致使施工组织乃至整个建筑业开始向现代建筑业转型。清光绪六年（公元1880年），川沙人杨斯盛在上海创办了第一家独立的近代工程施工组织"杨瑞泰营造厂"。该营造厂实际上是按照西方建筑公司的运作方式承揽建筑工程，采取包工不包料或包工包料的形式。营造厂内部只设管理人员，有厂主（经理）、账房、工地看工，工地看工包括能看懂图纸的木工和技术高超的泥瓦工等技术工人。劳动力临时在社会上招募，工匠主体仍然是传统的建筑工匠，营造厂主与建筑工匠为雇佣关系。当时的建筑劳务市场十分活跃，茶馆成为建筑劳务洽谈的场所。此后这种管理模式的营造厂涌现出来近百家，到了20世纪30年代，上海大小建筑公司、营造厂、水木作在鼎盛时期已经达到3000多家，形成了有近万人的建筑施工管理和技术人员队伍，从业人员10多万。近代新型建筑业也促进了建筑业内部的分工，如建筑材料业、房屋设备安装业、水管电气安装业等，其他与建筑有关的油漆装饰行业、石料工程行业、竹篱脚手行业、打桩行业等也都形成了相对独立的行业。与此同时，建筑施工的行业团体也开始形成，并创办了自己的行业刊物和教育机构。

　　杨瑞泰营造厂之后知名的一些营造厂，如顾兰记营造厂、协盛营造厂、周瑞记营造厂、赵新泰营造厂、姚新记营造厂等，大都是由杨瑞泰营造厂分支出去，或是由杨瑞泰营造厂培养的管理人员任职开办的，因而杨瑞泰营造厂的创办人杨斯盛（公元 1851—1908 年）的营造生涯反映了近代中国传统建筑工匠的转型轨迹。杨斯盛原名杨阿毛，上海川沙八团乡青墩（现蔡路乡）杨家宅人，自幼家境贫寒，3 岁时外出谋生，后到工地学习泥水活，成了泥水匠师傅。杨阿毛为了洽谈生意经常去茶馆，有一次，茶馆老板请他帮忙翻修灶头，翻修完受到茶馆老板赞赏，其砌的灶好用，样式新颖，发火旺大，善于修灶的事很快被传开，之后被一位海关厨师请去海关砌筑灶头，顺便就留在海关做些房屋修理工作。杨阿毛工作认真，手艺又好，工作很使人满意，于是结交了一群洋人朋友，同时学会了英语。又有一次，他拾到一个皮包（内有外币和银票）而久等物主出现，并将皮包原封不动地交还给物主，而这位物主正是（英商）公平洋行大班阿摩尔斯，阿摩尔斯记住了诚实的杨阿毛，这为杨阿毛迎来新的工程机会。之后，杨阿毛就受公平洋行委托建造沪、宁等地的缫丝厂房和砌灶工程，期间接触到了新的建筑技术和施工方法，同时也积累下开业资本，为以后的创业做准备。1880 年杨阿毛在上海开设中国近代第一家营造厂"杨瑞泰营造厂"，自己也改名叫杨斯盛。经过十余年的打拼，在上海建筑界干得风生水起，特别是因 1893 年新江海北关工程的顺利告竣而名声大噪，奠定了杨斯盛在中国近代营造业的地位[①]。

　　中华人民共和国成立以后，多数地区的私营厂商仍是营造业运行的主体，建筑业也仍维持传统的工业组织方式，营造厂将劳务工程转包给作坊主（工匠头目，当时被称为建筑把头），这些包工头常常是技术全面或某一方面技术高超的工匠，在工程施工前负责招募工匠，在工程中负责监督工人做工、检查工程质量、控制工程进度，工匠直接听从包工头的安排，并不受营造厂商管束，劳务费用也多是由包工头从营造厂获取后分配给他们，因而常有包工头克扣工匠工资的现象，而影响工匠的工作热情和效率。较大的建筑公司或营造厂直接招募工匠，并与临时工订立预约合同，减少了工匠的流动性，从而保证营造技艺施工质量的稳定，同时开展技术培训，提高工匠的技术水平。此外改善了工匠的工资待遇和工作条件，在一定程度上改变

① 吴文答 . 上海建筑施工志 [M]. 上海：上海社会科学院出版社，1997.

了行业内的雇佣关系。这些改革对于提高工人的劳动积极性和提高建筑施工质量产生了积极效果，并为过渡到现代古建筑公司铺垫了道路。

1956年，北京市对营造业开始实行公私合营改造，使清代以来延续的营造厂及与建筑行业相关的一些私营作坊如裱糊铺、油漆局、棚铺等彻底消亡，这些旧有的施工组织被统一纳入国家计划经济体制下，而原有各营造厂商中的工匠也纷纷进入国营单位。在上海等南方城市和地区也同时进行了公私合营运动，上海当时2000多家各级营造厂绝大多数经过改造成为国营或集体所有制企业。伴随着传统营造业的解体，依附于传统营造业的同业公会也随之消亡。取而代之的是新型的古建筑营建与修缮工程组织及企业，北京地区的如故宫博物院，北京市房修一、房修二公司，园林古建工程公司等。与之相应地，逐步形成了一套新的古建修缮管理和技术传承体系，这些机构普遍引进了现代工程管理运营方式和技术培训方式，但无论在技艺传承上还是在工程实践中，传统工匠仍然起到重要的作用，如许多富有实践经验的匠师参与到技术培训和教材编写工作中，打破过去师徒传承或家族传承的旧有模式，引入现代教学的新方法，探索适应新环境下的技艺传承的新途径。

以北京园林古建工程公司为例，在瓦、木、油漆、彩画等诸多作方面将营造实践中的经验进行了系统的总结，通过师徒加培训的方式进行传承，并在工程实践中不断检验和改进，使传统技艺得到存续和发扬。张忠和曾师承原兴隆木厂木作掌线杜伯堂，收陈维汉为徒，后陈维汉收刘占山及郑晓阳为徒。郑晓阳拜陈维汉为师后，又跟随张忠和、戴季秋学习大木结构、斗拱做法等，在张忠和指导下进行大木制作，在戴季秋指导下进行斗拱制作。另一主要分支为王瑞成，他曾于1981年拜井庆升为师，与郑晓阳一起协助井庆升整理大木匠师路鉴堂口述资料，于1985出版了《清式大木作操作工艺》。

该公司著名油漆作匠师赵立德，中华人民共和国成立前曾在"益泰合"油漆局学徒，中华人民共和国成立后创立"前进油漆局"，进入园林古建工程公司后培养了众多油漆作方面的技术人才，他将自己多年所掌握的油漆作技术整理成《清代古建筑油漆作工艺》出版。著名彩画匠师李福昌、宋长福等人也将自己常年积累的彩绘经验进行总结，并将这些经验编入《修缮工艺》一书中，这些老匠师在油漆彩画技艺传承方面都做出了重要贡献[①]。改革开放以后，各地的古建公司逐渐从国有公有体制向多元化体制转变，经营机制和业务运营方式更为机动灵活，技术传承及人

---

① 刘瑜. 北京地区清代官式建筑工匠传统研究 [D]. 天津：天津大学，2013.

才培养也更为社会化和多样化。

2. 行业组织及信仰

行业组织是手工业者为保护自身的利益而成立的一种民间团体，其功能有内外两个方面，对内是要解决同业竞止，制定技术标准，保证产品质量；对外规范行业价格，取得行业垄断地位，协调对外（政府、商人、其他行业、用户等）关系，维护同行整体利益。

（1）营造业行业组织

自隋唐始，营造业已流行起行会制度，唐时实行固定坊市制，工商行业只能设在被指定为市的坊厢内，按行业排成行列，故称行，至宋称为"团行"，手工业类称"作"或"作分"：宋耐得翁《都城纪胜》载："市肆谓之行者，因官府科索而得此名，不以其物大小，但合充用者，皆置为行。"① "市肆谓之'团行'者，盖因官府回买而立此名，不以物之大小，皆置为团行"②，每个团行推举出代表称为"行头"或"行首""行老"。成立团行的目的主要是便于与官府协调相关事宜，也利于联合起来抗争官府不法税负，此外还可避免同业不良竞争，这种组织实际上即是行会，起着管理行内外相关事务的作用。北宋时期营造业已颇为发达，汴京城内的匠人、手艺人多集中居住在某些区域，如"北去杨楼以北，穿马行街，东西两巷谓之大小货行，皆工作伎巧所居。"③ 这里的工作伎巧指的就是从事建筑营造的各种手艺人。"至平明……方有诸手作人上市"③，诸手作人即各类手艺人，也就是泥水、木工或手工艺人。"倘欲修整屋宇，泥补墙壁，……即早辰桥市街巷口，皆有木竹匠人，谓之杂货工匠，以至杂作人失……罗立会聚，候人请唤，谓之罗斋，……砖瓦泥匠，随手即就。"④

民间工匠并非一盘散沙，而是有自己的行业组织和运营规律，行业内部按分工及等级进行管理。宋代的工匠中有作头、一等工匠、二等工匠、三等工匠、杂役等级之分⑤，这种划分同时也是一种上下级的组织管理关系，匠人分等级有利于工匠劳动积极性的提高，并便于生产的合理安排。所谓"作家""作头"或"都匠"，都指的是工头，他们是工程中每种匠作的实际组织者，地位在工匠中是比较高的；

① 耐得翁.都城纪胜[M].北京：中国商业出版社，1982.
② 吴自牧.梦粱录：卷十三[M].杭州：浙江人民出版社，1980.
③ 伊永文.东京梦华录笺注：卷二[M].北京：中华书局，2006.
④ 伊永文.东京梦华录笺注：卷四[M].北京：中华书局，2006.
⑤ 漆侠.宋代经济史[M].北京：中华书局，2009.

工匠们在作头指挥下进行具体技术性工作，杂役则承担技术性较低而劳动量较大的体力工作，如搬运、运输、简单的材料收集及制作、土方工程等，多由军兵或民工为之。行会的出现和运营对营造业的运行和发展起到重要的支撑作用，严密而有序的组织关系组成的工匠团体支撑着建筑市场的庞大需求和建筑工程的质量。

早期匠籍制度管理下，技艺传承为父子及家族传承为主，唐宋时期逐渐开放，传承逐渐以师徒授受为主："巫医乐师百工之人，不耻相师。"[①]拜师学艺成为家族传承的补充，并相应建立起行业规矩："凡教诸杂作工业，金银铜铁铸锡凿镂错镞，所谓功夫者，限四年成；以外限三年成；平慢（漫）者限二年成；诸杂作有一年半者，有一年者，有九月者，有三月者，有五十日者，有四十日者。"[②]"细镂之工，教以四年；车辂乐器之工，三年；平漫刀槊之工，二年；矢镞竹漆屈柳之工，半焉；冠冕弁帻之工，九月"[③]。

明清时期随着旧有工匠管理制度的松弛和解体，带有工匠自治特征的营造业的行会组织得到较快发展。其中以经济较为发达的江南地区最为突出，以上海为例，自元代起出现了营造业的施工组织，称为"水木作"，尤其以松江、青浦等地的水木作坊最为活跃。至明嘉靖年间，水木作坊发展趋于成熟，作坊中以"作头"为掌柜，通常以师徒或家族、同乡为主体，分有木工、泥工、石工、雕锯工、竹工等，他们自发建立行业性组织，并形成各种帮派，用来协调经营活动中遇到的问题。清康熙年间，北京地区的工匠群体也建立有自己的行会组织，称"鲁班会"，从事行业内业务的工匠都需加入行会成为会员，并交纳会费，否则不能承接业务和参与相关营造活动。行会的领导层称会首，通常由会员推举出的行业内公认的德高望重的匠师担任。行会的职责包括负责行会机构的日常运营、组织举行祭祀活动、进行工价议定等。"确定工价是行会工作中非常重要的一项内容。一旦做出规定，全行业必须共同遵守。工价的数额和当时的物价水平密切相关，若物价的增高使实际工资降到工人习以为常的生活水准以下，行会一定要召集会议，讨论增加工资。工资过低，匠人无法工作养家糊口，不仅对工人不利，也将影响整个行业的正常运行，使整个行业发生动摇"[④]。在鲁班会内部按照工种还划分有次一级的行会组织，如瓦木、油画、棚行、木雕等，这些次一级的行会常常根据自身情况举行集会。嘉庆年间，

① 马其昶.韩昌黎文集校注[M].上海：上海古籍出版社，2014.
② 李林甫.唐六典[M].北京：中华书局，2014.
③ 欧阳修，宋祁.新唐书[M].北京：中华书局，1975.
④ 刘瑜.北京地区清代官式建筑工匠传统研究[D].天津：天津大学，2013.

北京的 12 家厂商联合发起，在三里河修建公输祠（后称鲁班馆）[①]，将其作为营造业行会的会所，也是行会的办事机构和祭祀场所，这种情况一直延续到民国初年。

　　行会及行帮的另一项职责是维护和监管手工业学徒制度，学徒一般多为穷家子弟，年龄为 7 ～ 17 岁，需要有保人推荐，保人需要出具有铺保和保人署名的保单，行会或公所收到保单后向行内铺行及师傅发出志愿书，有愿接纳者即收徒传艺。学艺时间各行有所不同，清代及民国时期以三年较为普遍。北京 16 个手工业行会中，有 3 个学徒期是 3 年，10 个为 3 年零 3 个月，4 年至 7 年各一个[②]。学徒期间的衣食住宿费用都由师傅负责，徒弟学徒期间的收入归师傅所有，学满之后可转为伙计，或称为半作，收入为自己所有，出师后也可自立门户，独立承接业务并接收自己的徒弟。行会或行帮都有自己的行规、帮规。以木、泥瓦、石行会行规为例：

　　①木匠行规：

　　木业作头，已认定主顾者，不得烂造。

　　作头去世，东家不能自为更换，须该作头卖于某作头，归某作头接办。

　　包造房屋，先写承揽，注定价目。

　　行友每天给工钱三百文，另加酒钱二十。

　　收留徒弟，每日给工钱八十文；俟三年学成后，再定工价。

　　本业于十二月廿日，敬祀张鲁二先师，各司出钱二百文。

　　公尺之用，名曰鲁班尺；同业宜用此式，以为一律。

　　光绪某年某月某日同业公具

　　②石匠行规：

　　伙友每给工钱四百文，另加酒钱二十，同行宜为一律。

　　修造大桥花式石牌楼，工钱加倍；如雕凿碑石工钱须加一半。

　　收留徒弟，每天给工钱七十文；学满后再定工价。

　　公议用尺，以鲁班尺为准，每尺减五分，宜归一律。

　　雕凿人物狮兽，工钱必须另议。

　　每年十二月二十日为祖师诞日，各司须出钱二百文。

　　光绪某年某月某日石作公具

　　③泥作行规：

①　赵世瑜，邓庆平 . 鲁班会：清至民国初年北京的祭祀组织与行业组织 [J]. 清史研究，2001（01）：1–12.
②　步济时 . 北京的行会 [M]. 赵晓阳，译 . 北京：清华大学出版社，2011.

东家生意，彼此不得争端；如本东家不愿做者，须让他人接手。

学徒弟者以三年为满，满后每天给工钱二百八十文。

包造房屋，先付定洋一半，方准接造。

行友每天给工钱二百八十文，外给酒钱二十。

泥墙须包三年，如三年内倒踏（塌）者，归泥匠赔修。

小工（即徒弟）每日给工钱八十文。

新造房屋，须归泥作揽造，各宜照行。

这种行会制及学徒制一直持续到民国时期，民国二十二年十二月二十七日《天津大公报》上的《天津的瓦木油作》一文中提到："瓦木油三种匠人，是建筑事业中的重要分子。他们授徒的方法和工作的情形，累代传袭，各有不同之点，就是他们所操的手艺，也有多种。在津市除一部分在工程师擘画下工作者外，大多数还在过着历年传下来的窳败生活。"以木工为例："木匠是要先拜师的。拜师时俗称'写字'，有工徒的父母亲属送与师傅学艺，按例以四年为满期。在学艺期间，徒弟的手艺，无论如何好，所做活计得的代价，概作师傅的利益。倘若中途辍业，有按天折算饭钱二角者，都要在立字时写明，不得反悔。遇有包工活时木匠带着徒弟去上工，自更可多得工份。四年期满，便要把同行的匠人宴请一番，公众证明某人是某人的徒弟，然后方可单独出去做活。在学徒期间，按规矩也是不得歇工的，但倘若必要歇工而又歇得日期稍多时，则在满期后便要留这徒弟效力几个月。普通木工上工下工的时间，是依泥瓦匠为标准的（即按早晨八九点钟上工，下午到日没时下工）。"[①]

到了民国时期，营造行业从业团体和工匠为适应新市区时期的变化，在原有行业组织的基础上发起成立了覆盖范围更广的行业组织，如南京的"营造业同业公会"、北京的"建筑业公会"等，均有 300 多家团体会员。南京营造业同业公会后期会长陶桂林原为木匠出身，后开设陶馥记营造厂，曾承接过中山纪念堂、中山陵三期工程、上海国际饭店等重要项目，在自己的家乡南通吕四镇创办过国内第一所建筑职业学校——志诚土木建筑职业学校，是上海和江苏营造业的风云人物。北京建筑业公会在中华人民共和国成立后，为适应行业变化与发展需要，在原建筑业公会基础上成立了新的营造业同业公会筹备委员会，一方面延续原有同业公会的工作，另一方面对中华人民共和国成立后存续的营造厂和相关施工企业进行重新登记和行业管理。1953 年，筹备委员会改组为北京市工商业联合会下属的营造业同业公会，1956

---

① 全汉升. 中国行会制度史 [M]. 天津：百花文艺出版社，2007.

年后，随着中国全面实行公私合营的工商业社会主义改造，原有的私营木厂或关闭，或并入国营建筑公司，工匠均成为国营单位的正式职工，曾经维护营造业的有效运行和保障传统工匠的权益的同业公会也随之消亡。

（2）行业信仰及祭祀活动

中国古代社会信奉万物有灵的观念，自然界中大至天地日月、山川河海，小至五谷牛马、沟路仓灶，都有神灵司之于冥冥之中。人是万物之灵，故圣贤英雄、仁义之士死后被奉之为神也是顺理成章的事情，用于礼制和祭祀的庙堂类建筑既有祭祀自然神的，也有大量祭祀先祖圣贤的祠堂庙，如有祭祀创造华夏文明的三皇庙、孔庙；有祭祀忠臣烈士的关庙、岳庙；有祭祀泽披百姓的名宦贤侯祠；有祭祀忠孝节悌的忠贞祠、孝子祠；有祭祀盛名天下的诗圣文豪祠；也有祭祀行业之祖的鲁班祠、药王祠；等等。各行各业都有自己的行业神，如纸匠崇拜蔡伦、笔匠崇拜蒙恬、墨工崇拜吕祖、染匠拜梅葛仙翁、乐工崇拜孔明、药工崇拜药王菩萨、裁缝崇拜皇帝、织工崇拜机神、鞋匠崇拜鬼谷子等。在营造业内部，自古存在着敬奉鲁班为行业祖先的信仰，各匠作在共同敬奉鲁班为祖师外，还有自己专门供奉的祖师，如木匠的祖师为鲁班、石匠的祖师是石丙、瓦工的祖师是女娲、泥匠的祖师是张班、铜铁匠的祖师是老君、彩画匠的祖师是吴道子、油作匠的祖师是普安、裱糊匠的祖师是文昌帝君、炉匠和窑匠的祖师是太上老君等。

行业神信仰除了民间信仰因素之外，实际上也有现实的功效，即这种信仰可以起到文化和身份认同的作用，祭祀行业的祖先如同祭祀家族的祖先，使工匠能够感受到所从事的职业的神圣感和自豪感，对共同祖先的信仰和信奉如一条感情的纽带将行业参与者联系和团结在一起，增强了行业内部的向心力和凝聚力，抵御外界的欺压和冲击。共同的祖先和共同的信仰有助于建立共同的行业道德和行业规范，从而建立起公认的行业纪律和禁忌，对工匠们的行为起到约束作用。此外也利于处理工匠内部的纠纷，促进工匠重技尚艺的精神，使得行业精神健康发展。

鲁班是春秋末期鲁国的一个工匠，名叫公输般，由于他技艺超群，又是鲁国人，所以后来人们就称他为"鲁班（般）"。最早记载鲁班事迹的是《墨子》，在《礼记·檀弓》《风俗通义》《水经注》《述异记》《酉阳杂俎》以及一些笔记和方志中也有著录。鲁班信仰在传统工艺领域具有广泛的代表性，不但营造业中木、瓦、石等各作工匠，其他行业如家具业、棚业、玉器业、皮箱业等也都信奉鲁班为行业鼻祖。不但汉族地区流行鲁班信仰，许多少数民族地区也同样有信仰鲁班的习俗，在一些少数民族如白、壮、苗、瑶、彝、水、土家、仡佬、布依等族中，就广泛流传着鲁班的传说。2008 年，鲁班传说被列入了国家级非物质文化遗产名录。

鲁班的传说大致可以分为两类：一类是讲他发明创造的故事。古代典籍中记载有鲁班创造云梯、战舟、磨、碾、钻、刨的事迹，还有他创造门户铺首等故事。近代民间有鲁班发明锯子和他的妻子发明伞的传说。另一类鲁班传说是关于他修建各地著名桥梁、殿宇、寺庙等建筑的故事，这类传说古今都有流传。近代的民间传说还有：北京白塔寺白塔的裂缝是鲁班给铜好的；河北保安附近的鸡鸣驿石桥没有完成，那是因为鲁班造桥时，姐姐（或妹妹）怕他过于劳累，提前学了鸡叫，鲁班因而停工的缘故；山西永乐宫是鲁班修建的；四川大足北山石像是鲁班雕刻的；杭州西湖上"三潭印月"的三座石塔是鲁班凿来镇压黑鱼精的石香炉的三只脚；河北赵州桥也是鲁班修造的等，这些传说中尤以鲁班修赵州桥的传说最为著名（图 4-3）。

图 4-3　鲁班像

人们称赞鲁班的"巧"，说他造的木头鸟能飞，木头人能够劳动，他造的灯台点燃后可以分开海水，他的墨斗拉出线来就可以弹开木头，他可以用唾液把碎木黏合成精美的梁柱，他可以在一夜之间建起三座桥，等等。人们把鲁班想象成具有神奇技艺和无穷智慧的匠师，实际上表达了古代匠人对自己征服自然、改进工艺的能力的赞誉和自豪。

旧时代工匠对鲁班的敬仰还表现在民俗活动中。在过去，木工、瓦工、石匠等都奉鲁班为"祖师"，为他建庙奉祀，"明永乐间，鼎创北京龙圣殿，役使万匠，莫不震悚，赖师降灵指示，方获落成，爰建庙祀之，扁曰'鲁班门'，封待诏辅国大师北成侯，春秋二祭，礼用太牢，今之工人凡有祈祷，靡不随叩随应，忱悬象著明而万古仰照者"①。明代初年，人们将汇编的关于土木工匠营造法式的书命名为《鲁班经》，书中专门讲了"鲁班仙师源流"、鲁班传说及鲁班信仰，在团结教育工匠方面起了很大的作用。清康熙至民国年间，在北京朝阳门外东岳庙和前门外精忠庙内均建有鲁班殿，殿内供奉鲁班像，用于木作、瓦作、石作、土作、油画、扎彩、棚行、花作各行业祭祀之用。

第二节　传承人与传承方式

非物质文化遗产语境中的传承人是对非物质文化遗产持有人的特定称谓，准确的表述应为代表性传承人。对传统技艺代表性传承人而言，应满足如下几项基本条件：一是代表性传承人应是非物质文化遗产的持有人，掌握并精通某项手工技艺；二是传承人所掌握的技艺确有较高技术含量，传承人本人技艺精湛，并在本行业、本地区被公认为代表性人物；三是传承人的传承谱系清晰，靠师徒传承或家族传承，传承至少应在三代；四是传承人要切实履行传承责任，尊师带徒，将继承下来的技艺继续向后代传授。非物质文化遗产传承人的称谓是至今为止对传统匠人的最高褒奖，即把以传承人为代表的工匠视为民族文化的持有者和传承者，他们承载着人类文明基因，是活着的文化遗产，因而具有崇高的荣誉和社会地位，这与中国历史上对工匠贡献与作用的贬抑不可同日而语。中国古代素有重农轻工、尊学轻技的传统，视技艺为贱末，工匠难登大雅之堂。对工匠的重新认识实际上还是近代西风东渐以后，人们对推动社会文明进程的主体和动因有了更科学的认识，人们发现工匠不但是直接以劳动推动了社会的进步，同时也是人类智慧的集大成者。正是基于此，中国近代营造学的奠基者朱启钤将工匠提升到哲匠的高度，他在营造学社编纂的《哲匠录》中说："本编所录诸匠，肇自唐虞，迄于近代，不论其人为圣为凡，为创为述，上而王侯将相，降而梓匠轮舆，凡于工艺上曾着一事、传一艺、显一技、立个言若，以其于人类文化有所贡献，悉数裒取，而以'哲'字嘉其称，题曰《哲匠录》，实为表彰前贤，策励后生之旨也。"②

---

① 午荣. 鲁班经：卷三 [M]. 张庆澜，罗玉平，译注. 重庆：重庆出版社，2007.
② 杨永生. 哲匠录 [M]. 北京：中国建筑工业出版社，2005.

传承人的培养和成长，或说传统技艺的传承有其自身规律。在传统社会，拜师学艺也有着严格的规矩和程序，学艺的过程同时是做人的过程，其中主要包括拜师、学徒、出徒几个阶段，之后独立门户，成为一名成熟的匠师，并带徒传艺，将传统技艺一代一代不间断地传递下去。

一、拜师

手艺在传统社会是工匠安身立命养家糊口的本钱，对徒弟来说，要学得一门手艺就要拜师学艺，拜师既是学习技艺的门槛，也是进入行业职场的门径；对师傅来说，手艺是维系生存的根本，也是行业地位和尊严的象征，保守技艺的秘密是生存的本能，除非是被自己选定的接班人，否则绝不轻易外传，以防"教会徒弟，饿死师傅"。因此，选徒、拜师在手艺行里是一个十分严肃而隆重的事情，因为既关系到香火的传续，也影响到行业发展的稳定。传统建筑营造技术，无论是瓦、木、油、石，还是彩画、裱糊、搭材，这些行业都是手工操作，都是手艺行，由于所有操作技术和加工尺寸、操作规矩等都来自工匠师傅家传或师传，要想得到师傅的口传心授，完整掌握传统技术，并在行业中立足，就得拜师入行，传统上就形成了中国营造界的师承制度。

营造业过去有"一日为师，终身为父"的说法，师傅不但教授技艺、答疑解惑，同时要以身作则、传道育人。在实际工作中，徒弟每天和师傅吃住在一起，干活在一起，一方面可以学到操作技术，同时能够体会做活的手法力道，以及一些只可意会不可言传的经验，切实学到师傅身上的技艺、手法、心得，真正得到"口传心授"，这些都是通过书本及图像资料得不到的技能。这种师徒传承模式并非纯粹的技术学习，也是一个文化思想和传统美德的教育过程，包括敬业、精专、坚守等工匠精神。今天通常采用的集中授课方式往往忽略或缺失了过去工匠精神和职业操守的培养。

拜师学艺既然是件严肃而隆重的事情，自然会有严格的规矩和程序，虽然各地有所不同，但大抵上是相似或相近的。以苏州香山帮学徒拜师为例，首先要找介绍人，成为"中保人"，中保人要对学徒的人品进行担保，并对学徒在学艺期间的一切行为负责，如果徒弟在学徒期间有不当行为给师傅造成经济或其他损害时，由于学徒无力赔偿，中保人要负责赔偿，因此中保人只有在当地具有一定经济实力或社会声望的人才能担任，也常有业内同行或家族亲属充当中保人的。

有了中保人后，师徒间要建立正式的师徒关系，并要签订合同。香山帮工匠签订的合同称为"规书"，除了有血缘关系的亲戚师徒外，一般都要履行"立规书"这一程序。"规书"中十分重视师傅的利益，对徒弟则有很强的约束力，有人称之为"生死文书"。由于旧社会的工匠一般文化水平较低，学徒多数是贫苦人家子弟出来混口饭吃，因而规书大多请当地读过书的人代写。规书格式较固定：

　　立规人×××（徒弟姓名），经×××（中保人）保荐，拜×××（师傅姓名）为师，为期×年。学徒期间，自当勤奋学艺，尊师听命。若有工伤不测等情，生死自有天命，与师无涉。若外逃走失，半途而废，均由中保人负责。恐后无凭，特立此据存照。

学徒父母×××　×××（画押）

中保人×××（画押）

　　拜师仪式一般选择在师傅家里，也有选择在师傅的作坊或其他地方的。举行拜师仪式时，客堂长桌上要放一对大红蜡烛，长桌前要放一把靠背椅，椅子前方地面铺上一块红毛毡。仪式开始时，徒弟先要在营造业的祖师爷鲁班像前跪拜三叩首，接着给端坐在太师椅上的师傅三叩首，如果是在师傅家举行仪式，还要向师母三叩首。拜师仪式结束后，要摆拜师宴，宴席的规模要看师傅的社会关系而定，一般在1～5桌，费用全部由学徒家承担，在席间，师傅要举杯向各位同行打招呼，"某某某现在跟我学艺，大家要多关照"云云，宴席后，徒弟家还要给师傅送些礼物或礼金，从此师徒关系就正式建立了。有的地方拜师时徒弟要宣读拜师帖，向师傅及祖师表示学艺的决心，继承师傅衣钵，跟随师傅一生学习传统技艺，并要发扬光大，今后自己还要有所发展，争取在某些方面要超过师傅。师傅则向徒弟赠送寄语，提出要求，并送艺名。拜师后师徒二人的关系就像父子一样亲近了。随着岁月的推移，师傅会把手艺及绝活毫不保留地传授给徒弟，徒弟也会像敬重父母一样地敬重师傅。

　　北京地区拜师仪式中以磕头最为讲究。先是给师傅磕头，然后按照辈分给师伯、师叔磕头，还要给先入门的师哥磕头，最后是给鲁班牌位磕头，完成这一系列磕头程序就算入了师门，正式成为师门中的一员，成了所谓"门里人"。此外还要拜见外门的长辈，请他们今后在外面干活时能加以关照。过去没有师门传承的工匠被业内称为"泥鳅"，手艺再好也吃不开，因而师门也成为工匠夸耀和显摆的本钱。营造业和梨园行一样，入门的徒弟按照辈分都有艺名，如富连成戏班按照"喜连富盛世元韵"进行排行，手艺行中也有这种做法，这样做可以增强师门整体的凝聚力和对外的影响力，特别是徒弟在外面出息了，艺名自然就给师门和同门师兄弟增光添彩，如果相反给师门丢了脸，就别提自己的艺名，还是叫你原来的名字，不能辱了师门。此外，拜师时师傅会送给刚入门的徒弟一套干活的工具。

中华人民共和国成立后，传统的拜师作为旧社会的糟粕逐渐被取消。改革开放以来，特别是非物质文化遗产保护概念引入营造行业以后，包含在传承概念中的拜师仪式又得到恢复，如故宫博物院古建修缮中心 2005 年 12 月 27 日和 2007 年 11 月 14 日举行过两次拜师会，使中断了的收徒拜师传承形式得到了恢复。古建修缮中心首先选中木作、瓦作、油作三个主要行当，让几位在行业中有影响的退休匠师从现有的中年技术骨干中挑选出数名工匠正式收为徒弟，从而使古建技术在队内有序传承，保持队伍的稳定发展。

二、学徒

营造行业的技艺传承，在拜师之后即开始了漫长的学徒生涯，学徒的时间一般要三年。第一年因为徒弟还没有掌握基本技能，做师父的也就不给徒弟布置有技术含量的活计，一般只是让徒弟跟在自己身边打下手，除了在工地或作坊里帮助做些辅助工作外，通常还要负责打理师傅一家的日常起居生活，诸如烧饭、挑水、煮饭、泡茶、装烟、打扫卫生之类，但可以通过这些了解师傅的起居生活、行为举止和道德品行，同时也可以间接地观摩师傅的手艺。

第二年师傅才开始正式地传授手艺，教授徒弟各种知识和技巧，但往往还留一些技术难度较大的绝活待最后才传授。由于工作繁忙，师傅不一定会完整、系统地交代技术要领，做徒弟的要心领神会，多问几个为什么，有时完全取决于个人的悟性，所谓"师傅领进门，修行在个人"。以油漆彩画行当为例，做徒弟的开始只是做一些诸如清洗整理工具的简单劳动，经过一段时间以后才慢慢地跟着师傅学习怎么熬油、熬胶，怎么调制颜料，接着学习如何用打谱子、起稿子，然后是学着描线、着色，最后是学习沥粉、晕染和使用金银。通过一步步由浅到深、由易到难慢慢掌握彩画工艺的全部手艺。

第三年后师傅开始带领徒弟外出参与工程，优秀的徒弟可以独当一面，但还不能独立承接业务。经过一年的实际锻炼后，为了培养徒弟出师后能自谋生路，师傅会安排徒弟独立承接或负责某项工程或工作，但师傅也会相应地做好技术支持和后备工作。

学徒期间，师傅只管吃饭，不给工钱，少数心地宽厚的师傅会在赚到钱后以各种名义给徒弟一些零花钱，称作"月规钱""剃头钿""鞋袜钿""过年盘缠"等。有时徒弟随师傅一起做工，也会得到东家的"赏钿"和上梁时的"利市钿"。

学徒在出师前没有固定的假期，不能经常回家，只有在家中有事或农忙时、过年期间，经师傅批准才能回家。三年多的学徒时间真正学艺的时间并不多，其中近一半的时间是帮师傅家干家务，要想学到真本事必须在日常随时观察，勤学苦练才行。经过三年的学习，徒弟基本上掌握了常规的从业技能，能够独立地进行操作，同时也在工作中熟悉了行业内的各种规矩和待人处事的各种原则，建立起一定的人际关系，为今后的发展和自立门户积累了经验。不同的行当有不同的规矩，多是不成文的行规，如苏州香山帮行规中对徒弟有"五忌"：一忌好吃懒做；二忌油嘴滑舌；三忌没大没小；四忌毛手毛脚；五忌顺手牵羊。以上这些都是师傅所深恶痛绝的，如有违犯，则可以立即解除师徒关系，并被行业所唾弃。

三、出徒

学徒期满后，师傅认可其手艺，称为"满师"，也称出徒或出师，要举办"谢师宴"，这时要请来同业中人，以及同门的师爷、师叔、师兄弟前来见证和庆贺，同时也是为了联络感情，为徒弟以后承揽业务或承接活计创造条件。出徒后除了可以自己开办营造厂，独立承接工程，也可受雇于营造厂，成为监工、作头等技术管理人员。办完"谢师宴"就说明学徒出师了，以后可以自己独自揽活。在"谢师宴"上，师傅有时还要送一套简单的工具作为纪念，祝徒弟工作顺利，将来能将所学技术传承下去。谢师宴一般由徒弟自己出钱，以证明自己能够独立工作挣钱。如果没有足够的钱筹办宴会，即使学徒期满，也不能视为出徒。有些时候因业务需要，师傅也会在谢师宴上提出要徒弟再帮工半年到一年，帮工期间依旧是管吃饭没工资，徒弟为报答师恩，一般也不能拒绝。徒弟出师后虽然离开师傅自立门户，但仍然视同师傅家族中的一员，遇有需要仍会提供力所能及的帮助，师傅去世时也有徒弟置办棺材打理后事的习俗，体现了传统社会手艺行中"匠师徒如父子"的亲密关系。

四、行内口诀与行话

师徒传承技艺除了在工作中言传身教外，通常还要传授行业中的操作口诀，背诵、理解、掌握及巧用口诀是学习手艺的一项基本功。有些口诀被记录下来，形成抄本流传，多数口诀则只是在工匠中口头相传。在传统社会中，多数工匠文化水平不高，匠谚口诀往往是匠人技艺传承的主要方式，这既是他们在长期实践工作中的经验总结，也是营造技艺的精华。

"口诀"是工匠在长期工程实践中一点一滴总结出来的，内容涉及施工组织、构件加工与安装、工具的使用与制作等，为了便于交流和方便记忆，通常采用合辙押韵的短句形式，或成组出现，或单独使用。以下分别为北京地区和苏州香山帮工匠中流行的几则口诀。

北京工匠抽板口诀：

柱子一翻身，木匠别发晕，柱子一打滚，木匠想一会，木匠会辨向，哪眼交哪件。件多心不乱，讨退靠中线。上清下口白，平直要对中，指西是说东。方口两边有，翻张板倒手。三匀又五洒，退三只增俩。深浅辘轳把，榫宽在小面，高低十字线，讨退打记线。

北京工匠的定拉扯歌诀：

人字四字枋子随，明缝枋随丁字培，葫芦套在山瓜柱，相扯金脊枋不揆，一字檐金脊枋用，抱头拐子自行为，若逢过河君须记，落金梁并抱头推，更有桁条易得定，平面拉扯按缝追，两卷金枋及随位，十字扯之因不颓，为有直板定何处，三卷搭头梁上飞，若问三四并五岔，拉定斗科另栽培。①

苏州香山帮的大木口诀：

1. 营造篇

建筑檐高：

门第茶厅檐高折，正厅轩昂须加二。

厅楼减一后减二，厨照门茶两相宜。

边傍低一楼同减，地盘进深叠叠高。

厅楼高止后平坦，如若山形再提步。

切勿前高与后低，起宅兴造切须记。

厅楼门第正间阔，将正八折准檐高。

天井比例：

（厅堂）

天井依照厅进深，后则减半界墙止。

正厅天井作一倍，正楼也要照厅用。

若无墙界对照用，照得正楼屋进深。

丈步照此分派算，广狭收放要用心。

① 刘瑜.北京地区清代官式建筑工匠传统研究[D].天津：天津大学，2013.

（圣殿）

一倍露台三天井，亦照殿屋配进深。

（神殿祠堂）

殿屋进深三倍用，一丈殿深作三丈。

提栈：

民房六界用二个，厅房圆堂用前轩。

七界提栈用三个，殿宇八界用四个。

依照界深即是算，厅堂殿宇递加深。

2. 结构篇

平房贴式（一开间深六界）：

一间二贴二脊柱，四步四廊四矮柱。

四条双步八条椽，步枋二条廊用同。

脊金短机六个头，七根桁条四连机。

六椽一百零二根，眠檐勒望用四路。

平房贴式（二开间深六界）：

二间三贴三脊柱，六步六廊六矮柱。

六条双步十二川，步枋四条廊相同。

脊金短机十二头，十四桁条八连机。

六椽二百零四根，眠檐勒望用四路。

平房贴式（三开间深六界）：

三间二正二边贴，四只正步四只廊。

二脊四步四边廊，二条大梁山界梁。

六只矮柱四正川，四条双步八条川。

边矮四只机十八，六条步桁廊枋同。

边双步川加夹底，二十一桁十二连（连机）。

六椽三百零六根，眠檐勒望四路总。

飞椽底加里口木，花边滴水瓦口板。

出檐开胫加椽稳，也有开胫用闸椽。

头停后梢加按椽，提栈租四民房五。

堂六厅七殿庭八，只为界深界浅算。

楼房贴式（一开间深六界）：

一间二贴二脊柱，四只步柱四只廊。

双步承重川各四，二条枋子搁栅五。

四条双步八条川（屋顶用），四只矮柱机六只。

窗槛跌脚枕椶子，连楹裙板钉二百。

七根桁条四连机，六椽一百零二根。

眼檐勒望用四路，三截楼板楼梯一。

楼房贴式（二开间深六界）：

二间三贴三脊柱，六只步柱六只廊。

双步承重川各六，十根搁栅四枋子。

六条双步十二川，六只矮柱十二机。

窗槛跌脚枕椶子，十四桁条八连机。

六椽二百零四根，眼檐勒望四路共。

连楹裙板香扒钉，三截楼板楼梯一。

楼房贴式（三开间深六界）：

三间二正二边贴，四只正步四只廊。

二脊四步四边廊，二条大梁山界梁。

边矮柱四机十八，六条步枋廊枋同。

边双步川加夹底，二十一桁十二连。

六椽三百零六根，眼檐勒望四路总。

飞椽底加里口木，花边滴水瓦口板。

出檐开胫加椽稳，也有开胫用闸椽。

头停后梢加按椽，提栈同上深浅算。

3. 用料篇

屋料定例：

进深大梁加二算，开间桁条加一半。

正间步柱准加二，边柱二梁扣八折。

单川依边再加八，柱高枋子拼加一。

厅该拼枋亦照例，殿阁照厅更无疑。

楼屋下层承重拼，进深丈尺加二半。

厚薄照界加二用，边承拼用照枋子。

唯枋厚薄照斗论，通行次者下批存。

椽子照界加二围，椽厚围实六折净。

选木围量：

屋料何谓真市分，围篾真足九市称。

八七用为通用造，六五价是公道论。

木纳五音评造化，金水一气贯相生。

楠木山桃并木荷，严柏椐木香樟栗。

性硬直秀用放心，照前还可减加半。

唯有杉木并松树，血柏乌绒及梓树。

树性松嫩照加用，还有留心节斑痛。

节烂斑雀痛入心，疤空头破糟是烂。

进深开间横吃重，勿将木病细交论。

4. 木雕工艺篇

景物诀：

春景花茂，秋景月皎，冬景桥少，夏景亭多。

春景：游人踏青，花木隐约，渔牧唱归。

夏景：人物摇扇倚亭，行旅背伞喝驴。

秋景：雁横长空，美人玩月。

冬景：围炉饮宴，老樵负薪。

风天雨景：行人撑伞，渔夫披蓑衣。

雪景：路人有迹，雪压古木。

冬树不点叶，夏树不露梢，春树叶点点，秋树叶稀稀。

远要疏平近要密，无叶枝硬有叶柔，松皮如鳞柏如麻，花木参差如鹿角。

山要高用云托，石要峭飞泉流，路要窄车马塞，楼要远树木掩。

四时点景：正月张彩灯，二月放风筝，三月花丛丛，四月放棹艇，五月酒帘红，六月荷花生，七月看天星，八月月当空，九月登高阁，十月调鸟虫，十一月摆盆景，十二月桃符更。

人物诀：

富人样：腰肥体重，耳厚眉宽，项粗额隆，行动猪样。

贵人样：双眉入鬓，两目精神，动作平稳，方是贵人。

贵妇样：目正神怡，气静眉舒，行止徐缓，坐如山立。

娃娃样：胖臂短腿，大脑壳，小鼻大腿没有脖，鼻子眉眼一块凑，千万别把骨头露。

定的悟性和灵气，因此许多项目或让人望而却步，或鲜有新人脱颖而出。如流行于闽浙山区的编梁木拱廊桥，虽然极具科学价值和文化价值，但由于需求锐减和传承人断层，其造桥技艺濒临失传，因而被联合国教科文组织列入了人类非物质文化遗产濒危项目清单（后更名为急需保护的项目清单）。另一方面，由于传统技艺本身需依存于传承人而存续，现代化进程背景下随着传统建筑建造急剧萎缩，传承人逐渐谢世和减少，传统技艺在加速失传中，保护迫在眉睫。

第四节 营造技艺保护原则

一、原真性

原真性又称真实性、本真性，是检验世界文化遗产的一项重要原则。原真性保护概念来源于物质文化遗产保护实践。1964 年的《威尼斯宪章》奠定了国际现代遗产保护中的原真性意义，宪章提出"将文化遗产真实地、完整地传下去是我们的责任"[①]。宪章中明确规定了原真性的定义，世界文化遗产的认定和保护需要符合原真性的要求。1977 年联合国教科文组织发布的《实施〈世界遗产公约〉操作指南》中指出，建筑、建筑群以及遗址应"满足在设计、材料、工艺和环境几个方面的真实性评估"[②]，并首次阐明了物质文化遗产原真性保护的重要性。1994 年 12 月在日本古都奈良通过的《关于原真性奈良文件》是有关原真性问题最重要的国际文献。文件中肯定了原真性是定义、评估和保护文化遗产的一项基本因素，指出"原真性本身不是遗产的价值，而对文化遗产价值的理解取决于有关信息来源是非真实有效"。该文件拓展了传统的设计、材料、工艺和环境四个方面的真实性的范围，囊括了形式与设计、材料与物质、用途与功能、传统与技术、位置与环境、精神与感情。此外，又引入了"信息来源"的概念。信息来源的定义是："所有物质的、文字的、口述的与图像的来源，其使人可以了解文化遗产之本质、特殊性、意义与历史。"[③]其中也包括了非物质文化遗产的内容。

在非物质文化遗产中，原真性也是遴选、认定、传承、保护过程中需要遵守的

---

① ICOMOS. 威尼斯宪章（保护文物建筑及历史地段的国际宪章），1964.

② 联合国教育、科学及文化组织保护世界文化遗产与自然遗产政府间委员会世界遗产中心编著，中国古迹遗址保护协会译 . 实施《世界遗产公约》操作指南 [OL]，2017.http://whcunesco.org/en/guidelines.

③ 联合国教科文组织，国际文化财产保护与修复研究中心 . 关于原真性奈良文件 [EB]，1994.

一项重要原则。非物质文化遗产的原真性有别于物质遗产的原真性，核心在于其强调的是历史不间断传承下来的活态性特征，如营造技艺是世代匠人口传心授延续至今的技艺，而不是当代创造或打造出来的技艺，也不是失传后被重新复活的技艺。因而对营造技艺的保护，首先是甄别其真实性，在保护过程中同样也要强调保护其真实的历史信息。纵向来看，任何技艺都存在演化的进程，远古出现的技艺不断被扬弃，一部分存续下来，融入了当代生活，成为了我们的非物质文化遗产。如汉唐时期的建造技艺已然演绎为明清时期的技艺，纯粹的汉唐营造技艺已不复存在，我们现在保护的明清官式营造做法实际上就包含着过去历代营造技艺的文脉。如出现的所谓当代的唐代营造技艺或宋代营造技艺，显然只是一种研究性的复原技术，而非真正意义上的非物质文化遗产。国家级非物质文化遗产项目"雁门民居营造技艺"实质上是一项家族式的世代相传的古建筑修缮技艺，特别是积累了家族长期修复宋元建筑的经验，这种经验是不断改进、完善的过程，及基于文化遗产保护原则的保护做法，而并非宋元建筑的原始做法，因而它也是当代的"古法"。当下许多民间的地方做法已经消失或濒临消失，如果将已经消失的营造技艺列为非物质文化遗产并加以保护，显然有悖于原真性原则。故宫申报的国家级项目"清官式营造做法"，之所以没将明代做法列入保护对象中，实际上也是基于真实性的考量，因为我们今日传承的官式古建筑做法是清代存续下来的，而清代营造技艺是明代营造技艺发展的结构，其合理要素和精华已经融进清代营造技艺之中，因而保护对象限定为清官式是更符合原真性保护原则的。

文化遗产的真实性涉及了设计、材料、工艺和环境等重要方面，其中设计、工艺与非物质文化遗产的保护对象相互重叠交融，同时二者也同样关注精神与文化层面的价值。相比较而言，非物质文化遗产保护更强调技艺的真实性，其中涉及技艺本身的流变性、活态性、传承性等重要特征，特别是作为传承载体的传承人、传承群体、传承谱系、传承活动、传承机制等的真实性，例如要求传承脉络要清晰完整，一般应不少于三代传承等。应该说，对真实的传承载体的保护是真实性保护的核心内容。

在文化遗产保护的具体实践中，保持原状、可逆性、可识别性、最小干预等原则，都是以保护原真性为核心的具体执行原则；此外，文物修缮工程中的原材料、原结构、原形制、原工艺原则也是保护原真性原则在文物建筑修缮中的具体体现，目的就是用最小干预的手段原样保护历史建筑的原貌，也就是保护对象的原真性，实质是最大限度地保护其承载的历史、科学、艺术、文化等各项真实的信息。非物质文化遗产保护强调的集中于工艺方面，特别是工艺和工匠的互动方面，而建筑的形制、结构、材料、工具等要素都被融入工艺的内涵之中，以及工匠的知识体系和技艺的关联要素中，而这些同样也是为了保证技艺本身的原真性。在传统技艺的认定和保护中，切忌打造和创新，它们和我们当下讨论的保护属于不同的范畴。

　　原真性虽然追求的是一种过去时的"客观"的存在，但同时也避免不了"主观"对原真性的价值评判，对非物质文化遗产而言，原真性总是一种基于现在时的不断演进的动态过程。日本造替制度可作为介于文化遗产与非物质文化遗产之间保护原真性的一种观念和方式，即其所以将不断的重复建造视为一种文化遗产保护的方法，根本原因在于将建造技术本身视为真实性的核心要素，而不是物质形态的神社。由此也可以看出，在真实性的理解与表达方面，东西方存在着文化上的差异，东方文化中更看重精神、道德、伦理上的真实，西方更重视物质实体和历史信息上的真实。基于非物质文化遗产的活态特征，非物质文化遗产专家刘魁立先生认为，只要非物质文化遗产项目的基本功能、价值关系没有发生本质性的变化，实物没有蜕变成为他种事物，就理应被视为是原真的[①]。

二、活态性

　　活态是非物质文化遗产的重要特性，它强调了文化遗产在历史进程中一直延续，未曾间断，且现在仍处于传承之中。非物质文化遗产是至今仍活着的遗产，是现在时而非过去时。一般而言，物质形态的遗产是非活态的，或固态的，它是凝固、静止的，它是历史的遗存，是过去时而非现在时，如建筑遗构、考古遗址，乃至一般的文物。然而非物质也并非全都是活态的，因而也不都是文化遗产，它们有些只是文化记忆，比如终止于某一历史时期的民俗活动与节庆、失传的民歌和古乐、已经失传的古代技艺等，虽然它们也是非物质的，也是无形的，但它们都已经成为消失在历史长河中的过去，被定格在某一时间刻度，或被人们所遗忘，或被书写在历史文献上，它们在时间上都归为过去时态。而成为活态的则都是现在时态，是当今仍存续的、鲜活的事项，如史诗或歌谣仍然被传唱，如技艺或习俗仍然在传承和遵守，尽管它们在传承中也有所发展、有所变异。由此可见，活态并非指的是活动或运动的物理空间轨迹及状态，而是指生生不息的生命力和活力。非物质文化遗产的载体是传承人，人在艺存，人亡艺绝，故而非物质文化遗产是鲜活的、动态的遗产；相

---

① 刘魁立. 非物质文化遗产的共享性本真性与人类文化多样性发展 [J]. 山东社会科学，2010（03）：24-27.

对非物质遗产而言，物质文化遗产则是静止的、沉默的，要通过转译才能彰显其意义，通过转译才能介入当代生活。

说到活态，通常有一种误解，认为有匠人现场操演就是活态，这实际上是一种表面化或片面化的理解。严格意义上说，上述的活态只能称之为动态，或者说只是活态的一种表现形式，动态只是活态的必要条件，而非充分条件。有的具有动态特征的表演或展示并不一定符合非物质文化遗产的特质，比如工匠按当代人理解的方法揣摩古人的技法进行演示并非严格意义上的活态，而只能称之为活化，即"复活"古法。现在在传统街区和传统村落保护中常听到"活化"的提法，前者指在古街区保护中不仅要保护古建筑等物态遗存，还应该恢复传统街区的生活功能，后者则是指要让沉默的建筑"开口说话"。这里的"活化"，应该说并非我们所说的"活态"，因为传统街区的活化意味着再生或复活（死而复生），或完全注入新的功能、新的生活，使得传统街区得以在新的社会变迁中能扮演新的角色。这种保护理念在台湾地区 20 世纪 80 年代即已经开始实践。但这种人为打造的"活"并非真正意义上的活态遗产，活态遗产应该是在特定时间和特定空间中发生的特定事项，它们存续于原生态环境中，可称之为"原生状态"。这里的原生状态不仅包括自然与人文生态环境，还包括原有生活状态、原有存续状态，其中人是活态得以发生或存续的载体，文化空间则是活态遗产得以存续的方式。

三、传承性

非物质文化遗产的存续与发展永远处于"活体"传承和"活态"保护之中，而活态的核心在于承载技艺的传承人。联合国教科文组织在关于建立"人类活珍宝"制度的指导性意见中指出："尽管生产工艺品的技术乃至烹调技艺都可以写下来，但是创造行为实际上是没有物质形式的。表演与创造行为是无形的，其技巧、技艺仅仅存在于从事它们的人身上"。[1] 人是这种活态遗产的载体，传承人则是遗产传承的主体，没有了传承人及传承，非物质文化遗产也随之消失，或转化为文物和记忆，成为博物馆的藏品。有鉴于此，对传承人的保护是非物质文化遗产保护的核心。

1. 传承人的保护

作为非物质文化遗产的营造技艺，其存在方式完全依附于历代工匠，他们既是

---

[1] 联合国教科文组织. 关于建立"人类活珍宝"制度的指导性意见 [M]// 王文章. 非物质文化遗产概论. 北京：教育科学出版社，2013.

技艺的持有者，也是文化遗产的传承人，是非物质文化遗产存续的载体，没有技艺的持有人也就没有活态的技艺；没有了传承人，技艺也就成了无源之水、无本之木。因此，保护非物质文化遗产的核心是保护持有人和传承人，保护了持有者和传承人，也就是从根本上保护了技艺。在某种意义上，持有人可以同时是传承人，也可以不是传承人，而传承人一定是技艺的持有人，传承人从祖辈或师傅那里继承了技艺，并将技艺传递给子女或徒弟，从而新陈代谢、生生不息。

中国古代传统文化重士轻工，从事营造业的工匠社会地位低下，虽然流传下来一些有关匠人的零星记录，但主要是因为他们晋升为朝廷的官员而被记载在正史中，如蒯祥、阳城延、杨琼、郭文英、梁九、样式雷等，也有一些在民间口碑相传，如鲁班、李春等，极少数匠人因为著书立说而留下名字，如喻浩、姚承祖等，但更多的优秀匠人则被埋没在历史中，没有任何记载，然而正是他们维系着传统营造技艺的传承。关注营造匠人及其传承的危机在近代营造学社时期已经开始，一些传统建筑资源比较丰富，建设与修缮活动比较频繁的机构或地区也较早注意对工匠及其技艺的保护，例如北京故宫博物院在 20 世纪 50 年代对当时被称为故宫"十老"的杜伯堂、马进考、张文忠、穆文华、张连卿、何文奎、刘清宪、刘荣章、周凤山、张国安十位老工匠进行重点保护，退休后进行返聘，并在生活上予以补贴，不但请他们担任修缮工程的技术指导，更支持他们带徒传艺开展技艺传承工作，为故宫传统营造技艺的保护起到重要的作用。如今故宫博物院已经有李永革、刘增玉、李曾林、吴生茂、李建国、白福春等名匠师被评为国家级非物质文化遗产项目代表性传承人。成立于 1964 年的北京市第二房屋修建工程公司是北京著名的古建筑公司，聚集了众多的传统匠师，其中有许多是师承原北京八大木厂的名家，是北京地区传统营造技艺传承的重镇。该公司修缮了天安门、天坛、北海、雍和宫、白塔寺等近百项北京地区文物建筑，积累了丰富的实践经验，同时也在实践中锻炼和培养出马炳坚、刘大可、关双来、蒋广全等一大批古建技术人才，到今天已经成为营造技艺传承的中坚力量。

在加入联合国非物质文化遗产保护公约后，我国针对传承人的保护工作专门建立了四级非物质文化遗产传承人保护制度，通过申报、评议、认定、公布的程序，建立了传承人名录体系，并通过政策引导、资金补助、社会宣传等方式对传承人及传承活动予以扶持，同时也对传承人的传承活动和社会责任予以规范和监督。在非物质文化遗产保护工作实施近 10 年后，传承人的社会地位得到空前提高，不但生活上得到一定资助和保障，其荣誉感和责任感也得到极大增强，这为传统技艺的传承打下了良好的基础。

传承人及其传承活动是营造技艺乃至传统建筑文化存续和发展的基本条件和根本保证，也是保护传统营造技艺这项非物质文化遗产的核心和第一要素。传承人肩负着重要的历史责任，也理应享有应有的社会地位，同时也要履行自己神圣的义务。联合国教科文组织在建立《活的人类财富》国家体系指南中指出，"活的人类财富"是指在表演和创造非物质文化遗产具体要素时所需的知识和技能方面有着极高造诣的人，是已经被成员国挑选为现存的文化传统之见证，也是生活在该国国土上的群体、团体和个人之创造天赋的见证。指南中规定："'人类活珍宝'的义务应当是：①改进他们的技艺与技术；②将他们的技艺与技术传授给徒弟；③在无版权问题和争议的情况下允许以有形的方式（录像、录音、出版）对他们的活动进行记录；④在常规条件下，向公众发表运用其技艺和技术生产的产品"[1]。《中华人民共和国非物质文化遗产法》对非物质文化遗产代表性项目的代表性传承人应当具备的条件做出了相应规定：①熟练掌握其传承的非物质文化遗产；②在特定领域内具有代表性，并在一定区域内具有较大影响；③积极开展传承活动。传承人和传承群体掌握着系统的知识、精湛的手艺，被社区、群体、族群公认为文化遗产的承载者和传递者。《中华人民共和国非物质文化遗产法》同时对代表性传承人应当履行的义务做出规定：①开展传承活动，培养后继人才；②妥善保存相关的实物、资料；③配合文化主管部门和其他有关部门进行非物质文化遗产调查；④参与非物质文化遗产公益性宣传。非物质文化遗产代表性项目的代表性传承人无正当理由不履行前款规定义务的，文化主管部门可以取消其代表性传承人资格，重新认定该项目的代表性传承人；丧失传承能力的，文化主管部门可以重新认定该项目的代表性传承人[2]。

2. 传承方式的保护

非物质文化遗产的传承主要有两种传承形式：一种是传承人传承，比如营造、剪纸、泥塑、针灸、少林功夫等，都是靠传承人口传心授、世代相传。香山帮营造技艺国家级传承人陆耀祖，其祖上世代为香山帮匠人，他从 16 岁开始随父亲学艺，从事香山帮木作工艺。他的太祖父姚三星为木作名师，在嘉兴开有作坊，曾祖父姚桂庆、叔曾祖姚根庆在木渎开有作坊，叔祖父姚建祥、姚龙祥、姚龙泉则分别在东山、木渎开过木工作坊。陆耀祖的父亲陆文安随太祖母姓陆，也是一代香山帮木作名师。

---

① 联合国教科文组织.建立"活的人类财富"国家体系指南 [EB/OL].2003.http://www.ihchina.cn/Article/Index/detail?id=15717.

② 文化部非物质文化遗产司.非物质文化遗产保护法律法规资料汇编 [M].北京：文化艺术出版社，2013.

陆耀祖从小得到父亲陆文安教授木作技艺，长期在一起工作，学习传统建筑的大木作、木装折工艺的技能和知识。过去香山帮营造技艺的书籍很少，传承主要依赖于师徒口头传授形式（图4-4）。另一种形式为群体传承，如春节、雪顿节、那达慕大会、舞狮赛龙舟、祭孔、绕三陵、妈祖信俗等祭祀典礼活动，为群体所创造和拥有，并通过群体传承的方式得以世代相传。传统的营造技艺主要是以师徒间"言传身教"的方式传承，但有些不太复杂的技艺常常是集体在共同劳动中完成，并不一定有一对一的师徒关系，如阿嘎土的夯筑工作，属于集体传承的方式。传承人和从业者以民间工匠为主，在传统社会中这些匠人多隶属于官办或民办的作坊，较重要的官式建筑则由专业工匠建造，图纸一般只有外观形象和控制尺寸，其构件尺寸与装配方法均靠工匠内部的传习和口诀来实现。民间的乡土建筑则多由地方的工匠、家族成员和乡邻好友按各地方习惯做法建造，其学习技艺的方式也都是靠师徒和家族式的传承。

图 4-4　香山帮营造技艺传承人陆耀祖

在传统社会，手艺人之间既存在着抱团取暖的合作关系，也存在着残酷的竞争关系，甚至师徒之间也难以避免，因而许多工种的关键技术都会严格保密而不外传。例如木匠的画线开榫、瓦匠的砍砖码砖、油工的熬油、画工的起谱等都类似药师的配方，秘不示人，至多控制在师徒之间口口相传，这种传承方式使得技术本身具有了某种神秘性和神圣感，使得工匠对技术、绝活产生了敬畏心理，在某种程度上维系了工匠队伍的稳定和技艺传承的有序，也有助于保证技艺本身的精益求精。这种传承方式在新中国成立之后开始出现变化，原有的木厂师傅或个体匠人进入到国营企业就职，技术进步和新的管理体制需要建立统一的技术标准和验收规范，以保证施工质量，也有益于整体上促进技术提升和发展。另一方面，在公有制体制下，匠人的手艺不再是"私产"，特别是匠师在有了工资和退休金的保障情况下，也不再把技艺的私相传授看作天经地义或应有之义。基于以上因素，传统的传承方式被逐渐打破，在近代以后开启的课程教学、集体授课方式逐渐成为营造业技艺培养的主流，如成立行业内职业学校，或进行集中培训。一方面借鉴现代专科教育的科学方法，设立科学系统的教学课程，聘请有理论素养和教学经验的教师、工程师讲授基础课程；一方面遴选行业内有实践经验、技术精湛，同时又有一定文化基础的老匠师参与到教学一线授课，同时结合实际工程现场耳提面命，兼顾了现代教学和师徒传承的特点。正是在这一背景下，一些行业内长期靠口传心授的专业知识、技术要领、施工经验被挖掘、整理，形成了行业内的教学课程内容，并被编写为教材、出版物，使传统技艺以新的传播方式得到了有效的延续。如 1974 年，故宫博物院特聘知名工程师和老匠师担任授课教师，对故宫的工匠进行系统培训，课程设置包括总体课、业务课、实践课三大板块，使学员比传统的工匠更既有较开阔的眼界，又有扎实的业务技能，木工李永革（国家级传承人）、油工刘增玉（国家级传承人）都是当时培养出来的新一代优秀传承人，是兼有传统的师徒传承和现代教学培训的混合型人才。1959 年，北京市房地产管理局也同样开展了营造技艺的培训工作，为此专门成立了职业技术学校，聘请业内有影响的老师傅以新的方式进行授课。1974 年，北京市房地产管理局系统的房修二公司开办了被内部称为"721 大学"的古建培训班，培养土木、彩画等各作技术人才。北京房管局的房修一公司创办了职工大学，并设立了国内第一个古建工程专业"中国古建筑工程"，课程设置中既有综合性、基础性的建筑史、古建测绘、古建预算、施工管理等课程，也有木作、瓦石作、油漆彩画作等具体技术及实际操作课程，从当时使用的教材可以看到人才培养的定位和取向，如《中国古建筑营造学》《古建筑木结构营造修缮技术》《中国古建筑瓦石工程》《油漆彩画工艺学》《明、清官式建筑砖雕》等，当时古建界的一些名家如程万里、马炳坚、边精一、刘大可、张家骧等都参与了教材编写和课程讲授的工作。通过教材编写及日后这些教材的出版发行，中国传统建筑技术得到了一次系统的梳理和整理，同时也在社会上广为传播，为传统技艺在更大范围的传承起到了很好的作用。

就传统手工艺的传承整体而言，过去的传承方式有较大的局限性，如只传授给

（12）大理文化生态保护实验区（云南省）；

（13）陕北文化生态保护实验区（陕西省）；

（14）铜鼓文化（河池）生态保护实验区（广西壮族自治区）；

（15）黔东南民族文化生态保护试验区（贵州省）；

（16）客家文化（赣州）生态保护实验区（江西省）；

（17）格萨尔文化（果洛）生态保护实验区（青海省）；

（18）武陵山区（鄂西南）土家族苗族文化生态保护区（湖北省）；

（19）武陵山区（渝东南）土家族苗族文化生态保护区（重庆市）；

（20）客家文化（闽西）生态保护实验区（福建省）；

（21）说唱文化（宝丰）生态保护实验区（河南省）；

（22）藏族文化（玉树）生态保护实验区（青海省）；

（23）河洛文化生态保护实验区（河南省）；

（24）景德镇陶瓷文化生态保护实验区（江西省）。

与之同步，各省市根据自身的情况，纷纷建立了省市一级的文化生态保护区，如山东省 2011 年下发了《山东省文化厅关于加强文化生态保护区建设工作的意见》，并制定了《省级文化生态保护区申报暂行办法》，2021 年又印发了《山东省级文化生态保护区管理办法》，根据不同地域文化特色，在全省规划了 13 个文化生态保护实验。其中潍水文化生态保护实验区已于 2010 年被文化部命名为"国家级文化生态保护区"。同时积极推进文化生态保护实验区与传承基地、传承设施的结合，实现整体性保护。目前在全国范围内，非物质文化遗产整体性保护正稳步推进，非物质文化遗产保护工作进入了整体性保护的新阶段。由于包括生态环境在内的整体性保护牵扯到方方面面，其保护的方法、有效性和可操作性及其伦理性等一些问题还在不断的修整和完善中。

第五节　营造技艺保护方式

针对中国传统营造技艺保护过程中的不同阶段和保护的具体对象，需要制定有针对性的保护策略、方式和原则，结合传统营造技艺的保护实践经验，大体上可以归纳为抢救性、传承性、活态性、原真性、整体性、建造性（生产性）、展示性、数字化等方式，现择其重要的方面进行阐述。

一、抢救性保护

埃及金字塔的建造技术至今是世界之谜，因为建造技术失传，而且没有任何记载。人类历史上的大部分著名建筑及建筑工程，其建造技术却没有被记录下来，使得后人搓手空叹。即便我们现存的唐宋时期的建筑被视为国宝而被倍加呵护，但关于唐宋时期的营造技艺，包括具体的设计思想、加工安装技术、施工工艺流程等并未有系统全面的记录。而《营造法式》更多的是基于政府监督管理工程的需要而颁布的法规，就营造技艺而言太多的富有价值的内容被尘封在历史中，使后人的许多研究缺少了科学依据。对早中期历史建筑的还原，大多是依照现有做法推演当时的技艺，并以此指导我们今天的修缮，准确地说只是在造型层面呈现了某一历史时期的面貌，而技术的真实性难以确认，如同今天恢复生产的汝瓷、钧瓷、青铜器，主要也是以今日科技手段推演了历史上的真实。这一现象提示了我们对于今天处于濒危的遗产，无论它们能否可持续地传承，或未来可预见地将进入博物馆，都有必要进行抢救性的保护，以便为后人研究、保护、传承、利用提供必要的条件。这里说的抢救性保护主要指自身传承受到外部环境威胁难以为继，而需外力进行介入性的保护，其中包括对技艺本体进行记录、建档、录音录像，对相关实物进行保存，对传承人进行采访，如建立工匠口述史档案，系统收集匠谚口诀，给予生活困难的传承人以生活补助及改善工作条件等。

早在 20 世纪 30 年代，中国营造学社已经洞察到对传统营造技艺进行创造性保护的重要性，"吾人幸获有此凭借，则宜举今日口耳相传，不可长恃者，一一勒之于书，如使留声摄影之机，存其真状，以待后人之研索。非然者，今日灵光仅存之工师，类已踽踽穷途，沉沦暮景，人既不存，业将终坠，岂尚有公于世之一日哉。"[①]学社同人将这种认知同时付诸实践，一方面进行田野调查，测绘古建筑，对文物建筑实体保护提供保护方案，另一方面也在开展营造技艺的整理和总结，如钩沉历史典籍中的有关营造记述，同时走访民间工匠，将他们的工艺经验和施工心得记述下来，用于辅助宋营造法式和清工部工程做法的研究。20 世纪 90 年代初，作为营造学社的成员，时任故宫博物院院长的单士元先生有感于老工匠的不断离世和传统技艺的濒危失传，呼吁抢救传统营造工艺，他特别向国家文物局提交报告，建议采用录音录像对古建界的老师傅和传统营造技艺进行记录，用现代化的手段保存活态遗产。报告中提到："近数十年来古建传统工艺技术已濒后继无人之境。全国解放后，

---

① 朱启钤.中国营造学社开会演词 [J]// 黄清明 .《中国营造学社汇刊》提要 . 北京：知识产权出版社，2014.

国家重视古建筑保护与维修，每年拨巨款从事保护维修工作。遗憾的是在近几年进行维修工程中，工艺技术多失其真，伤损古建筑结构上科学之工程和传统建筑之艺术性。而对祖国建筑在色彩艺术上，更多失去旧样。长此以往，再过若干年，则祖国历史建筑面目全非。过去中国建筑工艺技术、师徒之间，大都为口耳相传，结合施工实践而传于世。现在老一辈哲匠大师已多衰老，所掌握工艺技术又无机以传。为了使擅长传统工艺技术的哲匠能继续传于世，拟通过音像手段保留下来。集合现存于世者少数老师傅，重金礼聘，将他们从前辈口传和施工实践的工艺技术录音留存，实践经验录像留存，传于后世，为今后维修古建工程中作示范，为验收工程质量作准绳。这样在今后维修古建时，等于老师傅在施工现场上把关。现在若不抓紧此事，则古建传统工艺则有失传之惧。古建工种大致有瓦、木、扎、石、土、油漆、彩画、糊，将这些工种、工具、材料、施工程序、质量需求等，成套用录音录像传真。"①

目前，采用录音录像方法对传统工匠及工艺进行记录已是抢救性保护中普遍采用的方法，许多地方或行业部门在对传承人相关历史、传承、技艺等进行系统全面的文字、音像记录、留存的同时，将传承人口述史列为非物质文化遗产保护的重要内容进行抢救性保护。

二、建造性（生产性）保护

2012年2月2日，文化部（现文化和旅游部）发布了《关于加强非物质文化遗产生产性保护的指导意见》，意见指出："非物质文化遗产生产性保护是指在具有生产性质的实践过程中，以保持非物质文化遗产的真实性、整体性和传承性为核心，以有效传承非物质文化遗产技艺为前提，借助生产、流通、销售等手段，将非物质文化遗产及其资源转化为文化产品的保护方式。目前，这一保护方式主要是在传统技艺、传统美术和传统医药药物炮制类非物质文化遗产领域实施。"② 不断提升非物质文化遗产的传承能力，是生产性保护的出发点和落脚点。传统技艺、传统美术和传统医药药物炮制类项目原本都是在生产实践中产生的，其文化内涵和技艺价值要靠生产工艺环节来体现，广大民众则主要通过拥有和消费传统技艺的物态化产品或作品来分享非物质文化遗产的魅力。因此，对它们的保护与传承也只有在生产实践中才能真正实现。诸如传统丝织技艺、宣纸制作技艺、传统医药炮制技艺、瓷器

① 刘瑜.北京地区清代官式建筑工匠传统研究[D].天津：天津大学，2013.
② 文化部非物质文化遗产司.非物质文化遗产保护法律法规资料汇编[M].北京：文化艺术出版社，2013.

烧制技艺、徽墨、苏绣、石雕都是在生产实践活动中产生的，也只有以生产的方式进行保护才可以激活其生命力，促使非物质文化遗产"自我造血"，更好地延续其艺术活力。实践也证明，在有效保护和传承的前提下，加强传统技艺、传统美术和传统医药药物炮制类非物质文化遗产代表性项目的生产性保护，符合非物质文化遗产传承发展的特定规律，有利于增强非物质文化遗产自身活力，推动非物质文化遗产保护更紧密地融入人们的生产生活；有利于提高非物质文化遗产传承人的传承积极性，培养更多后继人才，为非物质文化遗产保护奠定持久、深厚的基础；有利于继承弘扬优秀传统文化，推动优秀传统文化繁荣发展，满足人民群众的精神文化需求；有利于促进文化消费、扩大就业，促进非物质文化遗产保护与改善民生相结合，推动区域经济、社会全面协调可持续发展。

非物质文化遗产生产性保护应严格遵循非物质文化遗产传承发展的规律，处理好保护传承和开发利用的关系，始终把保护放在首位，坚持在保护的基础上合理利用，坚持传统工艺流程的整体性和核心技艺的真实性，不能为追逐经济利益而忽视非物质文化遗产的保护和传承，反对擅自改变非物质文化遗产的传统生产方式、传统工艺流程和核心技艺。2012 年 1 月 31 日，文化部在京举行国家级非物质文化遗产生产性保护示范基地颁牌仪式，为北京市珐琅厂有限责任公司等 41 家国家级非物质文化遗产生产性保护示范基地颁发牌匾。41 个项目企业或单位、39 项国家级名录项目被授予第一批国家级非物质文化遗产生产性保护示范基地。

相对于一般性手工技艺的生产性保护，营造技艺有其特殊的内容和保护途径。有别于古代大量的营造技艺实践，当今营造技艺已经局限在少量特殊项目和乡镇中的民居建筑。如何在现有条件下使得营造技艺得到有效保护和传承，需要结合不同地区、不同民族、不同级别的遗产项目进行研究和实践，保证建造实践不间断地存续，是营造技艺得以有效传承的必要条件和基本保证。

1. 修缮性保护

中国是文化遗产大国，虽然经历了历朝历代毁灭性的破坏，依然留存了大量的文物建筑和历史建筑，这些建筑被分成四级文物保护单位，受国家文物保护法规的保护，并要求在修缮过程中遵循文物建筑修缮原则进行修缮。在文物建筑修缮的历史过程中，相关的认知和理念也曾有过不足和偏差，如从修旧如新到修旧如旧等，今天我们已经认同国际公认的真实性、整体性、可逆性、最小干预性等原则，以及在修缮过程中采用原材料、原工具、原工艺等科学方法，这无疑反映了我们保护理念和方法的进步。但就保护对象而言，如何处理修缮技术和传统营造技艺的关系，并将传统营造技艺本身纳入保护范围，将技艺作为真实性的要素一同看待，可以说是我们文物建筑保护的一项新课题，或者说应该被提高到一个新高度。

传统建筑的修缮量大面广，并且具有周期性、持续性的特点，如果我们把握住传统建筑修缮过程中的营造技艺保护，无疑将给传统营造技艺实践提供用武之地，如此将会更有效地促进营造技艺保护工作和传承工作。其中有两方面的工作值得认真探讨和大胆实践：一方面是在文物建筑保护单位中划定一定比例的营造技艺保护单位，规定其保护内容涵盖非物质文化遗产的保护内容，由文物部门和文化部门协同制定保护标准，要求保护单位行使物质与非物质保护的双重职责。无论复建抑或修缮项目，将完全遵照传统材料、传统工序、传统技艺、传统工具、传统习俗进行保护工作，甚至在可能的情况下保持其原使用功能和呈现方式，全方位体现文化遗产的原真性、完整性，使之同时成为物质与非物质文化遗产保护的活化石和活体标本，这样既增加了保护对象的类型和层次，也拓展了保护本身的深度和维度。

另一方面，复建和修缮本身是技艺的实现过程，也是技艺得以传承的条件，同时也是遗产本身理应呈现的对象。营造是一种兼具技术性、艺术性、仪式性的活动，丰富且复杂，其本身也是一种可以展示和观赏的对象，可以培育一种新的修缮与展示相结合的方式，将列入非物质遗产项目的修缮过程进行全程展示或重要节点展示，包括重要的习俗与禁忌活动。这既可保证核心技艺及其传承的严肃性、神圣性，也可促进施工环境的改善和创新，提升作为技艺持有者和传承人的自豪感和积极性，同时可以将营造过程作为重要的文化遗产资源加以利用，增加营造技艺的文化功能。

2. 建造性保护

对于生产性保护的手工艺项目而言，无疑需要不断地通过实践来达成传续的目的，对营造技艺项目而言，就是不断通过新的建筑的建造来完成技艺的实现，其中应该包括复建、迁建、新建古建项目，也包括仿古建筑的项目。这些实质性建造活动都应列入营造技艺非物质文化遗产保护的视野，列入保护规划中。这些保护项目不一定是完整的、全序列的工程，也可以是分级别、分层次、分步骤、分阶段、分工种、分匠作、分材料的项目，作为基于整体保护中的分项保护，它们都是具有特殊价值的，既具有实践意义，也具有学术价值。

基于文物保护的立场，一般不赞成古建筑易地搬迁，这种做法被认为割裂了建筑赖以存续的自然环境和人文环境。但在营造技艺保护的语境下，文物建筑的迁建也是一种保护方式，也是技艺保护的重要机遇和资源，特别是被迁建的建筑本体面临环境与自然灾变威胁的情况下，如有些地方建起的一些民居博物馆。此外，传统村落中的一些民居和祠堂建筑也常被一些商家异地重建（图4-8），包括有些地方为了旅游开发，搬迁或仿制做旧古建筑，广义上都提供了一种潜在的建造性保护机会，也是建造性保护的实践项目，应纳入营造技艺保护的规划中而加以重视和利用。现实中这些珍贵资源往往囿于或满足于商业需求上"形似"，而并未将其视为营造技艺保护的载体和对象。

图 4-8　陕西异地重建的关中民俗村

有些技艺的存续和传承是必须通过实际工程来实现的，如基础工程、大木安装、屋面工程等，但也有一些相对独立的分步工程可以单独实施操作，如斗拱制作与安装、脚手架支护。有些可以基于培训的目的独立实施教学操作，如墙体砌筑，包括砖雕制作安装；小木制作安装，包括木雕；彩画绘制与裱糊装潢等，都可以结合现实操作来进行教学培训，从而达到传承的目的。

当下许多保护单位或古建筑公司都在结合工程项目来实现教学培训的目标，或独立设置匠作技术操作课程进行循环教学，这些都能部分或间接解决传承的任务，但还需要结合建造性保护的整体思维和战略性规划，进行总体考虑

极倡导成立了苏州鲁班协会，并被推为会长。组织工匠学习技艺，切磋交流，后被苏州工业专科学校特聘为教授，教授建筑学及工程学课程。他以祖传秘籍、图册和讲义资料为基础，结合长期积累的工作经验，编纂了《营造法原》书稿。姚承祖一生营造的作品不计其数。如清末他带领一批能工巧匠重修木渎镇的"严家花园"，春夏秋冬四区景色各异，堪称一绝，巧妙的布局和精巧的细节处理受到刘敦桢先生的高度赞誉与推崇；清末至民国初建造了怡园"藕香榭"（又名荷花厅），设计独特，精致古雅；民国时建造了灵岩山"大雄宝殿"，流光溢彩，蔚然壮观；1923年建造于光福镇马驾山东坡上的"梅花亭"更属精品杰作。晚年，他制作的"补云小筑"，巧置亭台楼阁、花草林木、池水假山，精巧疏朗、幽逸雅丽。"小筑"后毁于"文化大革命"期间，唯有"小筑"绘卷尚存，陈从周教授将其收录于《姚承祖营造法原图》一书中。1939年农历五月二十一日，姚承祖病逝，终年73岁。

《营造法原》书稿于1929年成书，被朱启钤视为填补《营造法式》及《工程做法》的空白之作，是记述中国南方建筑唯一的专著，也反映了南北建筑相互关联和影响，可互相印证和互补，因而有很高的学术价值。经刘敦桢、张至刚等人整理增编后于1959年刊行。此外如《工段营造录》《一家言居室器玩部》《梓人遗制》《园冶》等，也都是学社开展研究性保护的成果。这些研究成果对当时文物建筑保护和营造技艺的传承都起到了重要的作用。

在研究性保护方面，北京故宫博物院近年启动了一项研究性保护的计划，即"养心殿研究性保护项目"，计划以"技艺传承、价值评估、人才培养、机制创新"为核心，以"最大限度保留古建筑的历史信息、不改变古建筑的文物原状进行古建筑传统修缮的技艺传承"为原则，以培养优秀匠师、传承营造技艺、建立材料基地、探索保护运行机制、全面记录与价值研究、整体规划控制为基本目标，依靠专家体系和社会力量支持，在修好养心殿建筑群的同时，探索一套适合中国国情的古建筑保护与技艺传承之路。从中可以看到，整个项目计划具有系统性和综合性，发掘了保护项目本身具有的多方面资源价值，在整个项目运行中将研究贯穿始终，包括文物历史文献与价值研究、形制特征研究、材料工艺与施工技术研究、保护环境研究、保护干预制度与措施研究、观众管理与服务研究等各项研究工作。研究成果最终分专题结集出版，形成系列研究成果，推动业内保护事业的健康发展，旨在探索营造技艺研究性保护的新途径。在具体落实中要做好以下五个方面：

（1）做好科学记录：详细采集、分析和解释现存建筑本体及文献资料中的信息，使用科学规范的测量、试验、探测、考古方法对建筑的"特征和重要性"进行调查，对原始信息的再干预工作进行记录，包括人为干预的启动因由、审批程序、执行过程、施作方法、重要工程活动、检控程序以及参与人员等内容。

（2）完成工作报告：在保护项目中开展全过程的研究，并将历史文献的系统挖掘与研究、文化遗产价值评估研究、传统技艺传承研究、保存环境研究等各专题撰写系列研究报告，记录留存真实档案。

（3）引入专家参与：将历史文献、保护技术、通信传感、政策研究、修复技艺、材料检测、环境分析等领域的专家纳入保护工作中来，对总体方案、保护专项、研究专项进行全面的指导、监督、咨询，对重点研究与技术问题的解决提供决策意见，以保证项目方向、决策、技术与实施的正确性和科学性。

（4）培养专业队伍：每一个建造、修复项目，皆需要经验丰富的修复师才能保证修复的质量，同时，营造技艺在实际的建造与修复项目中才能世代传承。具体措施包括制定古建筑修复专家的退休返聘制度、专业人才的引入制度以及匠师培养与考核制度。

（5）过程展示和公众参与：通过开放文物修复现场、定期的媒体发布会等方式向社会展示项目内容与价值、修复方法以及操作过程、阶段性成果等，保障社会公众和媒体的知情权，为公众了解保护管理工作的内容提供契机，同时可以促进公众对文化遗产的关注与兴趣。

研究性保护需要考虑到建造及修缮工程的方方面面，特别是在继承传统文物修缮工程的既有成果和经验基础上，结合当下文化遗产保护的新思维、新理念，在贯彻整体性、传承性、研究性、展示性保护原则下，探索保护的新路径、新方法，将营造技艺的传承和保护，提升到与物质形态的建筑本体保护同等重要的位置。故宫以养心殿修缮为契机，利用故宫的技术、经验、人才、管理的优势，把物质和非物质文化遗产作为统一的研究和保护对象，将修缮全过程的材料标准、施工管理、工艺流程、技艺传承、公开展示、研究报告等都纳入保护工程中，并对技艺传承中的相关核心问题如传承方式、传承机制等均有细致的安排，将对营造技艺传承保护提供富有建设性的实践成果，作为营造技艺保护实践基地，对全国营造类技艺传承具有示范性意义（图4-10）。

图 4-10　故宫养心殿建筑群

四、数字化保护

随着科技的进步，数字化已然成为人们获取信息与掌握信息的重要方式，也是人们学习知识和传播知识的重要工具和方法，同时也是文化遗产保护的有效手段。现代技术的核心是信息数字化，运用数字化多媒体技术手段，对非物质文化遗产进行真实、系统和全面的记录，是实现非物质文化遗产抢救性保护的有效手段。此外，数字化在非物质文化遗产培训与教学、非物质文化遗产展示等方面也在扮演着越来越重要的角色。文化部（现文化和旅游部）《关于加强我国非物质文化遗产保护工作的意见》中提出："要运用文字、录音、录像、数字化多媒体等各种方式，对非物质文化遗产进行真实、系统和全面的记录，建立档案和数据库。"同时指出："鼓励和支持新闻出版、广播电视、互联网等媒体对非物质文化遗产及其保护工作进行宣传展示，普及保护知识，培养保护意识，努力在全社会形成共识，营造保护非物质文化遗产的良好氛围。"① 非物质文化遗产数字化保护工作内容包括多方面，如通过数字化采集设备、数字化编辑设备将非物质文化遗产的图文影像资料转换为数字化形态，进行存储性保护；采用先进的数字化手段对非物质文化遗产的传承人、项目、生态保护区等进行监测评价，实施抢救性保护；采用先进的数字信息技术对非物质文化遗产进行宣传、弘扬、传承，推动生产性保护；利用数据库、大数据平台和数字博物馆提升研究性保护的效率和成果转换。

以往传统的记录方式，如文字和图片，难以充分、全面地解释说明营造技艺，缺少结构和构造的解析，遗失了很多细节和大量信息。文字缺少直观性，不能生动展示建筑的复杂性；图片为静态图像，不能表现工艺的动态过程。比较而言，数字多媒体技术可以有效地记录和全方位地展示建筑的复杂建筑结构及构造的所有细部节点，最大限度地海量保存营造技艺的信息，同时又可以即时检索、比对、分析相关信息。利用数字多媒体手段不但可以精细地记录传统建筑的营造技艺动态过程，通过采用动画、虚拟现实、增强现实技术，还可以生动地演示构件加工方法、建造方式、工艺流程、工具使用等活态内容，便于营造技艺的传承、学习、研究和普及，有助于传统建筑技艺的研究、保护、传承和弘扬。

1. 数字保存

随着我国工业化和城市化进程的加速，非物质文化遗产赖以生存的文化生态环境面临严峻危机，一些传统技艺在现代生活中逐渐淡出视野并面临消亡，一些掌握传统技艺的传承人日趋老龄化，后继乏人。非物质文化遗产消失速度在逐年增快。以戏曲为例，历史上我国曾有戏曲品种 394 种，1949 年统计为 360 种，1982年统计为 317 种，而 2004 年我国戏剧品种仅为 260 种，短短几十年间传统剧种消失了 134 种，占戏剧品种总量的 35%，特别是最近 20 多年，平均每年消失 2～3种。再以传统舞蹈为例，20 年前进行传统舞蹈普查时，列入山西、云南等 19 个省市的《舞蹈集成卷》中共有 2211 个传统舞蹈，目前仅保留下来 1389 个，短短 20 多年间舞蹈类遗产就消失了近 37%，其中河北、山西两省已有近 2／3 的传统舞蹈失传。非物质文化遗产的迅速消亡、濒临灭绝无疑已成为我们民族文化发展的不能承受之重，急需采用数字化技术手段，对濒危的非物质文化遗产项目和年迈的传承人进行系统完整的抢救性记录。

非物质文化遗产保护最基础、最根本的环节是对遗产内容及传承人进行及时、

---

① 文化部非物质文化遗产司. 非物质文化遗产保护法律法规资料汇编 [M]. 北京：文化艺术出版社，2013.

全面的调查记录、建立档案，使遗产信息得以完整保存。采用先进的数字化影像手段可以逼真、有效、全面、完整地记录和保存非物质文化遗产信息。过去传统的记录方式以文字、图片为主，很难真实完整地记录和再现技艺和活动的流程与全貌，也很难准确地再现和还原音乐、舞蹈、戏剧、技艺、民俗活动等动态内容。为进一步加强记录内容的准确性、原真性、可复原性，急需利用录音、影像、动画等数字多媒体手段，真实、完整、系统地记录遗产内容。

非物质文化遗产资源形式多样，涵盖了文稿、录音、录像、实物等多种介质。这些传统的媒介占用空间大，且不易复制和携带。应用数字存储技术可以将海量书籍或录像带转化为一张光盘或移动硬盘，增加了资源存储、复制和检索应用的便捷性。同时，非物质文化遗产的活态性决定了遗产资源的唯一性和不可再生性，但一些较早收集的遗产资源材料多采用文稿、磁带、录像带等陈旧的媒介方式，这些资源如果保存不当，很容易损坏或丢失。为了更好地保存非物质文化遗产资源，急需将现有的手稿、磁带、录像带等老旧的媒介资源转化成数字化资源进行存储，并建立统一标准和制式，确保非物质文化遗产资源保存的完整性、安全性和长效性。非物质文化遗产门类众多、资源内容丰富、保护方式多样，必须建立一套涵盖技术标准、管理标准和工作标准在内的，贯穿非物质文化遗产确认、立档、研究、保存、保护、宣传、弘扬、传承和振兴等保护流程各环节的标准规范体系，确保非物质文化遗产数字化保护工程开展规范有序，实现非物质文化遗产数字化保护的科学化。

数字化保存是借助数字化信息获取与处理技术对文化遗产分门别类地以电子格式加工、处理、存储成文献档案资料，并能对这些信息资源进行高效地插入、删除、修改、检索、提供访问接口和信息保护。将计算机技术、通信技术及多媒体技术相互融合而形成的以数字形式发布、存取、利用的信息资源总合被称为数字资源，这些数字资源是现代社会文献信息的重要表现形式。非物质文化遗产数字资源是采用数字技术对非物质文化遗产资源进行系统性的保存、保护过程中形成的数字化资源，包括数字文本、数字图片、数字摄像、数字录音、数字虚拟现实和数字动画等，这些电子文件在数字设备及环境中生成，以数码形式存储于磁带、磁盘、光盘等载体，依赖计算机等数字设备阅读、处理，并可在通信网络上传送。

以传统营造技艺数字化采集为例，工作主要内容包括对传承人走访调查、对作品和载体进行测绘，将建造工艺和传统做法进行全程记录，将所得数据资料通过数字多媒体方式进行诠释和展示。根据技艺特点将技艺过程进行整理、划分，记录其结构、构造、做法、施工与工艺流程、营造技艺文化等。应用动画和虚拟现实技术，通过制作加工实现对传统技艺的模拟，使之得以清晰明了地呈现，便于传统技艺的学习、研究和普及。在数字化采集过程中通常综合利用五种方式来记录和演示传统技艺：

（1）文字，记录技艺及其相关自然、社会、文化环境。

（2）照片和图纸，包括成果绘图、历史照片、实地摄影等，记录成果的外观、结构、材料、工具、过程等。

（3）录像、录音，可以真实连续地记录工艺流程和施工做法。

（4）三维动画，适于演示内部结构及构件的组合关系、拆解等，介绍特殊构造节点和隐蔽工程的施工工艺。

（5）虚拟现实，可以增强体验，感受建筑的内外部空间，通过自动生成程序和点击生成方式虚拟参与过程。

由于数字化保存可以海量存储和处理，所以应该尽可能采集更多的资源信息，如基本信息可以囊括环境信息、历史沿革、分布区域、保护状况、价值等。应收集的资料类型包括：①非物质文化遗产项目申报资料；②非物质文化遗产项目普查资料；③书籍和音像制品；④期刊及论文；⑤调查报告及保护方案；⑥其他反映非物质文化遗产项目资源信息的资料。并应注明资料来源。

对营造技艺的数字化采集应覆盖非物质文化遗产项目主要营造技艺类型（对应建筑类型），并应依照下列原则确定优先采集顺序：①非物质文化遗产项目的特色技艺；②代表性建筑的营造工序；③被广泛采用的技艺；④非物质文化遗产项目中涉及的主要工种和做法。同一类型的技艺还应同时采集不同时期、不同流派的版本。

对营造技艺中的相关文化习俗，应采集与营造技艺联系紧密的风水、仪式及其他类型文化习俗。对文化习俗采集对象的选择应遵照以下原则：①选择与项目联系紧密的文化习俗表现形式；②选择具有深厚群众基础的文化习俗表现形式；③选择流传区域广泛的文化习俗表现形式；④选择流传时间悠久的文化习俗表现形式。

传承人和代表性艺人的选择应分别对已故传承人和代表性艺人进行数字化采集工作，应根据其对非物质文化遗产项目发展的贡献及历史影响进行选择。对健在的传承人和代表性艺人的选择可以参考以下原则：①选择具有认证资质的传承人和代表性艺人；②选择具有较高声誉的传承人和代表性艺人；③选择曾经荣获奖项的传承人和代表性艺人；④选择具有一定数量代表作品的传承人和代表性艺人；⑤选择具备现场采集条件的传承人和代表性艺人。

[23] 华觉明，李劲松，王连海，等 . 中国手工技艺 [M]. 郑州：大象出版社，2014.

[24] 梁思成 . 清式营造则例 [M]. 北京：中国建筑工业出版社，1981.

[25] 傅熹年 . 傅熹年建筑史论文集 [M]. 天津：百花文艺出版社，2009.

[26] 茅以升 . 中国古桥技术史 [M]. 北京：北京出版社，1986.

[27] 陈同滨，吴东，越乡 . 中国古代建筑大图典 [M]. 北京：今日中国出版社，1996.

[28] 杨鸿勋 . 建筑考古学论文集 [M]. 北京：文物出版社，1987.

[29] 中国营造学社 . 中国营造学社汇刊 [M]. 北京：国际文化出版公司，1997.